设计拯救地球

——通过生态拟仿重构我们的世界

Saving The Planet By Design:

Reinventing Our World Through Ecomimesis

[马来西亚]杨经文（Ken Yeang）　著
史书菡　张　浩　译
俞孔坚　主审

中国建筑工业出版社

著作权合同登记图字：01-2021-2043号

图书在版编目（CIP）数据

设计拯救地球：通过生态拟仿重构我们的世界 = Saving The Planet By Design：Reinventing Our World Through Ecomimesis /（马）杨经文（Ken Yeang）著；史书菡，张浩译．—北京：中国建筑工业出版社，2022.3

书名原文：Saving The Planet By Design：Reinventing Our World Through Ecomimesis

ISBN 978-7-112-26628-9

Ⅰ．①设… Ⅱ．①杨… ②史… ③张… Ⅲ．①人工智能 Ⅳ．①TP18

中国版本图书馆CIP数据核字（2021）第192359号

Saving The Planet By Design：Reinventing Our World Through Ecomimesis, 1st Edition/ Ken Yeang, 9780415685818

责任编辑：郑淮兵 董苏华　　文字编辑：汪箫仪　　责任校对：王 烨 赵 菲

设计拯救地球
——通过生态拟仿重构我们的世界
Saving The Planet By Design: Reinventing Our World Through Ecomimesis
[马来西亚] 杨经文（Ken Yeang） 著
史书菡 张 浩 译
俞孔坚 主审
*
中国建筑工业出版社出版、发行（北京海淀三里河路9号）
各地新华书店、建筑书店经销
北京雅盈中佳图文设计公司制版
北京建筑工业印刷厂印刷
*
开本：787毫米×1092毫米 1/16 印张：$12^{1}/_{4}$ 字数：179千字
2022年3月第一版 2022年3月第一次印刷
定价：**48.00**元
ISBN 978-7-112-26628-9
（38058）

“几十年来，杨经文一直是生物气候建筑领域的领头人。他开创性的研究和建筑作品，将建筑风格与自然结合，为关心生态和未来建成环境的一代建筑师和规划师们提供了灵感。他的最新出版物强有力地论证了设计作为‘生态拟仿’的形式，能够而且应该在帮助我们建设一个更有恢复力和可持续的世界发挥作用。”

莫森·莫斯塔法维（Mohsen Mostafavi）

哈佛大学设计研究生院前院长

亚历山大和维多利亚威利设计教授

“这是我们星球的关键时刻，建成环境设计对处理这些挑战至关重要。这本书很及时，因为它集中讨论了整体生态设计的重要性。”

阿里·马尔卡维（Ali Malkawi）

哈佛大学建筑技术教授

哈佛绿色建筑与城市中心创始主任

“杨经文的目标是恢复人类和自然系统之间那些本已破碎的连接。生物整合使建筑成为自然的‘义肢’。这与杨经文的生态工程理念相一致，即自然与人造融合。正如他本人所说，他的项目都是原型，即使在没有充分发挥潜力的地方，是在自然系统恢复有新发现的紧迫之际挑战设计专业，为了实现其承诺的影响力完善这些理念。”

尼马尔·基施拿尼（Nirmal Kishnani）博士

新加坡国立大学

“没有野生动物就没有生命。杨博士的‘生物整合’概念给予人们在地球上生存的鼓励。在通过‘生态模拟’转变建筑和可持续设计概念的过程中，杨博士独树一帜，这对于展示人类如何通过仿效和复制我们周围生态系统的特性而实现繁荣发展至关重要。”

詹姆斯·卡尔·费舍尔（James Karl Fischer）博士

建筑师、动物学家

“我们能否通过重新构建、重新设计和重新建造我们的人造世界来‘拯救地球’，使之真正具有恢复力和可持续性？考虑到当前全球环境的破坏状况，这无疑是设计师面临的最具挑战性的问题。杨经文坚持认为，预防性行动需要被环境‘拯救’任务所取代，他的倡导是争取实现‘生态乌托邦’——在这个世界里，人类社会及其人工制品与自然以一种动态、和谐的伙伴关系共存；在这个世界里，只要有可能，社会和环境都会产生最终积极的结果。”

迈克尔·约翰·威尔斯（Michael John Wells）博士

生物多样性设计有限公司；生态学家、生态城市学家

设计拯救地球

我们能“拯救地球”吗？为了给人类社会创造一个有恢复力、持久和可持续的未来，我们需要重新利用、重新构建、重新设计、重新建造和恢复我们的人造世界，使我们的建成环境与自然友好、无缝地进行生物整合，与自然协同工作。为了人类社会和地球上所有生物及其环境的未来，这些是人类迫切需要完成的多重任务。对于那些日常工作对自然产生影响的人来说，这是最棘手的问题，如建筑师、工程师、景观设计师、城镇规划师、环境政策制定者、建设者及相关人等，但这也是全人类迫切需要解决的问题。

这里提出了两个关键原则，作为实现这些任务的方法——“生态中心”是以生态学为指导的，而“生态拟仿”作为设计和建造建成环境的方法，包括所有基于“生态系统”概念进行仿效和复制的人工制品。

生态设计在这里被认为是真正的绿色设计方法，下一代绿色设计将从中产生，并超越目前使用的认证系统。如果您赞同这一原则，这本书就是展示其是怎么通过设计来实现的。采用这些原则对我们拯救地球的努力是至关重要的，并从根本上全面改变我们设计、制造、管理和运营我们建成环境的方式。

杨经文是一位建筑师、规划师和生态学家，以其标志性的生态建筑和生态总体规划而闻名，这些设计与其他绿色建筑师的作品不同之处在于其真实的生态学方法，以及这些建筑独特的绿色美学、性能和生物多样性，超越了传统的评级体系。杨经文曾就读于英国建筑联盟学院（AA School）。自 20 世纪 70 年代，他在剑桥大学获得生态设计和规划的博士学位以来，他就是绿色设计领域的先驱者。

目　录

致 谢

我要感谢以下同仁：

• 感谢生物多样性设计有限公司的生态学家、生态城市学家迈克尔·约翰·威尔斯（Michael John Wells）博士审查了早期的手稿。

• 感谢生态学家卡西亚·帕特尔（Cassia Patel）审查了我的手稿，并准备了参考文献和术语汇编。

• 感谢国际鸟类联盟（亚洲）、新加坡生物模拟网站、BioSEA 和新加坡国立大学的生态学家、生物保护学家阿努杰·然（Anuj Jain）博士的评论。

• 感谢建筑师、动物学家詹姆斯·卡尔·费舍尔（James Karl Fischer）博士的评论。

致谢名单：

• 封面设计由漫画家、插画家埃莉诺·戴维斯（Eleanor Davis）完成。

• 插图由梁贤德（Tuck Leong）完成。

• 协调工作由 T.R. 哈姆扎和杨经文建筑师事务所的助理建筑师腾库·迪亚纳·哈姆扎（Tengku Diyana Hamzah）完成。

自 序

我从20世纪70年代开始从事生态设计工作，在剑桥大学完成了博士论文《建成环境生态设计和规划的理论框架》(*A Theoretical Framework for the Ecological Design and Planning of the Built Environment*)，该论文收录于《设计结合自然：建筑设计的生态基础》(*Designing with Nature: The Ecological Basis for Architectural Design*. McGraw-Hill，1995年)。关于将“生态系统”概念用作设计类比的想法已在《生态系统设计的基础》(《建筑设计》，*Architectural Design*，1972，42:434-436)和《仿生学——在设计中使用生物类比》(《建筑协会季刊》，*Architectural Association Quarterly*，1974，4:48-57)两文中提出，这在我的《生态设计指导手册》(*Ecodesign: Instruction Manual*. John Wiley & Sons，2006，第1章)中得到了进一步扩展。接下来很长的间歇期，我开始忙于我的建筑实践。2016年，我在实践的同时恢复了本书的研究工作，并最终完成和出版了这本书。

前 言

本书基于生态学的指导思想和原则，为生态为中心的方法提供了指南，以建立和重造我们的人造世界，包括建成环境、各种产品和基础设施系统。本书完善了生态设计基础理念的前期工作（见下文），即仿效和复制“生态系统”的属性，形成自然的模型，这里称之为“生态模拟”。这项工作的意义和实用性，不仅适合那些日常工作对自然环境产生影响的人，例如建筑师、工程师、设计师、房地产开发商、建造商和其他人，且关键是适合所有为全人类创造一个有恢复力、持久和可持续的未来而寻求行动指示的人。

我的研究和理论工作始于 1971 年的生态设计与规划博士论文。在此期间，我于 1976 年成立并经营了一家专业建筑师事务所。将理论工作落实到实践，需要重构设计过程本身和建筑原型，在建造建筑形式的过程中对理论思想进行解译和测试。在检验前期研究成果和理论思想的同时，通常需要进一步开展同步的调查研究工作，我将经验教训在本书中做了总结。

环境科学清楚地表明，人类为建造和重造人造世界所做的努力，现在已不再是防止环境进一步恶化，而实际上已成为一场“竞赛和救援”任务。在执行这项任务时，本书的意义是为地球上所有生命形式及其环境寻求恢复力和可持续性提供行动基础。

杨经文博士

（kynnet@kyeang.com）

伦敦和吉隆坡

TUCK

1

重构人造世界以解答可持续方程

主张

“我们能通过设计来拯救地球吗？”——为了人类社会有恢复力的、持久的和可持续的未来，我们需要重新利用、重新构建、重新设计、重新建造和恢复我们的人造世界，使建成环境可以与自然环境无缝地生物整合，并协同发挥作用。这些多重任务要求我们必须采取行动，且必须立刻行动，才能使人类社会和地球上的所有生命形式及其环境拥有长远的未来。

为什么这些任务如此重要？对于建筑师、工程师、景观设计师、城市规划师、环境政策制定者、建造商、房地产开发商等这些日常工作影响到自然的从业者而言，处理这些任务是最为突出的问题，也同样是所有人类亟须解决的问题。然而，以往对环境损害问题的解决，是为防止进一步损害而采取的预防措施，随着环境损害状况进一步加剧，除了防止进一步损害之外，修复现存环境的衰退问题已成为当务之急，环境修复成为一场“竞赛和救援”任务。

几乎所有的人造世界及其建成环境都需要从以下方面进行处理：首先是人类的合成与半合成的人工制品和系统，包括从大型城镇区域和城市，到圈占地（如建筑物）的所有城市集合区域；城市公共设施的工程结构和基础设施，包括交通运输系统、能源生产和传输系统（也称作“灰色基础设施”）；以及整个人类的人工制品。这个范围可扩展至用于生产食品、木材和药品等产品的生物生产系统。当然，优先考虑的是基于不可再生资源和工业系统的能源生产方式，并通过设计、制造和包装满足商业与个人需求的各种各样的人工制品。前文所言的“重新制造”要求我们将系统中的物质流从当前的“获取—制造—处理”的线性经济过渡到“获取—制造—再利用—再循环—再补给—再整合（回归自然环境）”的循环经济。

如何执行上述任务？我们的回应策略需基于此处提出的两个关键原则：**“生态中心”**（ecocentricity），意味着以生态学为指导进行工作；**“生态拟仿”**（ecomimesis）[①]，意味着通过仿效和复制**“生态系统”**（ecosystem）概念的属性，运作、设计和建造包括所有人工制品在内的建成环境，以使其类似自然状态。

这些原则的意义何在？本书认为接受这些观念将会深刻地改变我们设计、制造、管理和运营建成环境的方式，以实现我们为自然拯救和恢复地球的目标。

实现有效的生物整合

成功落实上述复杂任务的关键在于有效的**“生物整合”**（biointegration）——即人造世界及其技术系统、机器及其建成环境，与我们赖以获取食物、水、空气、材料和能源等资源的自然之间，可以无缝和友好地连接与融合。并且，这种和自然重新连接的生物整合，在物质和系统方面都需要尽可能无缝与友好。

生物整合的定义是指自然界中生命体与非生命体的物质和系统互相结合，形成一个完整和谐整体的状态或过程。例如，在骨骼植入的医学和牙科手术中，人造成分与生物成分完美结合，这可以看作一个有效生物整合的类比。然而，我们必须努力做得更好，因为目前许多骨骼植入物是由不可持续的材料制成的。我们的目标是创造出即使在它们解体后也无害的植

① 译者注：据柯林斯词典：ecomimesis 中的 mimesis 来源于希腊语 *mīmēsis*，*mimeisthai*，是“to imitate”的含义。该词在文学艺术创作领域表示“模拟，摹仿”，也表示社会团体之间的行为模仿，在生物学领域，则指代“拟态”。本书后文中提及“The application of ecomimesis as ecomimicry”（原书第25页），为便于区分，将 ecomimesis 译作“生态拟仿”，将 ecomimicry 译作“生态模拟”，ecomimetic 译作“生态模拟的”。

入物，这同样可以类推到我们的建成环境中，自然中的植入物所使用的材料必须在它们被拆除或解体后同样对环境无害。

这种重新整合至关重要，因为当前的环境破坏都源于我们与自然脱节。断裂的链接需要人造环境的完全整合来替代，这是一种协同性的再整合，整合内容不仅包括与自然相关的人造与半人造的组件、系统和过程，还包括与地球的生态系统和组成部分及其生物地球化学循环。[1, 2, 3]

生物整合既可以是物质的，也可以是系统的。物质的生物整合是指通过城市、工业和基础设施的发展，最大限度地减少并逆转自然和半自然栖息地以及生物种群的物质取代和破裂。系统的生物整合是将人工制品和建成环境的制造、运营，恢复相关的能量[4]、物质、水、生物群的流动和通量，与自然生态系统和循环的过程与流动结合在一起。生物整合的主要目标是必须避免这种情况——我们创造了几乎是惰性的人造世界和建成环境，它们经由分散在地球各地的材料采集和重新组装制成，与周围的生态系统形成了明显的物质分离，并在其使用期限结束后仍保持和累积这种惰性状态。

实际上，如果人类在地球的自然及其建成环境和所有系统中的一切行为、建造和制造活动中，都能有效地重新利用并实现有效的生物整合，那么环境问题将不复存在。因此，成功完成这种生物整合是我们拯救地球的事业将面临的基本挑战。

用生态设计“拯救地球”

这里的“生态设计”一词指的是一种广泛的战略方法，它首先以生态学为指导（见第2章），其次受“设计”过程的影响，其中“设计”一词并不是设计师的专属领域，而是作为一个有效和系统的问题解决过程，适用于所有相关学科，随后将进行解释。

生态设计的目标是什么？生态设计对我们拯救地球的使命至关重要。它的目的和作用是解决由数以百万计的人工制品和建筑物引起的问题，特别是构成了我们“建成环境”的大范围的人类设计和建造的城市结构。虽然自然界中的其他物种可以制造出新的结构，例如白蚁丘和珊瑚礁，但没有其他物种能大量制造出经久耐用的人工制品，这些材料不易分解成有机成分，或者只能在较长时间内生物降解。许多供人类日常使用的人工制品，连同它们的包装，在短时间使用或部分消耗后，在大多数情况下，会被“丢弃”而不是被有效地循环回收到环境中。在许多情况下，一次性物品的包装比被包装的物品本身存在的时间更长。据估计，我们生产的人工制品中有 80% 将变为成问题的废物。大量丢弃不需要的、不可回收的人工制品和包装物，以及由此产生的生产排放物，不仅反映了人类技术和社会的快速发展，也反映了人类社会挥霍浪费的生活方式（见第 8 章）。

我们排放到环境中的废物包括化石燃料能源产生的大量排放物，畜牧业、无效的工业和农业系统生产食物的废物，制造业过程中产生的废物等。基本上，人类社会的所有活动，都是在完全无视其产出对地球及其自然系统造成的后果的情况下进行的。这个星球，作为一个“闭合系统”，被用作“环境汇”（environment sink）。[5] 但是，目前还没有其他地方能成为人类大部分废物可以“扔进”的“客场”。我们滥用地球，将之作为人类不需要的固体、液体和气体的“汇”（sink），已经达到了一定程度，滥用行为实际上已经开始改变全球进程，尤其是气体排放改变了全球气候：这些气体来自满足我们能源需求的燃料燃烧，来自工业、农业，来自食品生产，来自动物饲养，以及其他城市和近郊的相关活动的排放。[6, 7, 8] 我们同样已经通过自己的活动和技术影响到其他全球循环，如水循环、碳和氮循环。[9] 这些影响的规模导致了“人类世”一词的出现，以指代目前的地质时代，在这个时代，地球的运行过程正被人类的行为所支配。

人类社会可能不会立即意识到上述问题对地球环境的影响，因为许多我们行为的后果并不能立即肉眼可见。许多后果需要更长的时间才能使人明显看到，而且通常需要更长的时间才能达到人类能够集体承认、迫切需要采取关键的恢复性行动的程度。这是因为地球的生态系统和生物地球化学系统在处理能力和速度方面有着内在的局限。意识到这一点是生态设计的重要方面。

全球海洋的变化趋势尤其清晰，其温度上升很明显。影响包括气候条件的变化，风暴和干旱的强度、频次的增加，海平面的上升。[10, 11] 随着碳排放量的不断增加，地球大气吸收了更多的热量。随着极地冰盖融化，更多的水流入我们的海洋，导致海平面上升。大气中碳的增加也意味着海洋中碳的增加，从而导致海洋酸化。威胁表现最严重的区域是沿海地区，因为那里有许多重要的人类聚居区。

当飓风或地震等重大气候现象造成风暴潮或海啸等“高等级事件”，与人类引起的气候变化这一背景相叠加，这种影响可能会显著放大。同样不可否认的是，人类正极大地加速着生物多样性丧失，无论是栖息地和物种等生态系统有形组成部分的丧失，还是在营养循环和**生态演替**（ecological succession，见术语汇编）等生态系统过程方面。这是一种需要制止和扭转的趋势。物种的消失导致“人类”步入大规模的物种灭绝过程——“人类世物种灭绝”，其规模和重要性都与数百万年前地球上的构造运动或陨石撞击造成的大灭绝相当。

我们对生态系统的影响是将许多生态系统进程推向崩溃的边缘，并在这个过程中威胁到了人类自身的生存。大自然对人类社会造成的破坏性事件并不是大自然的报复（如一些大众媒体所暗示的那样）。大自然的非人类部分对人类的动机漠不关心。这些破坏性事件，只是自然界应对变化的物理和化学反应，这些变化影响了生态系统的健康、恢复力和完整性，并改变了生物地球化学循环。[12, 13, 14, 15, 16]

在历史上，智人表现出很强的适应性，当环境灾难来袭和支持系统消失时，能迅速适应新的环境。我们进入新的领域，寻找新的技术解决方案，包括替代可能最终短缺或产生环境问题的材料。如果有机会，大自然也可以有同样的适应性。[17, 18] 数量较少的物种，或能够迁入另一个地区的物种，或者整个新物种，都可以进化以适应新的环境。新的社会和新的自然可以形成新的社区，在新的演替和适应过程中相互作用。[19, 20]

然而，对于自然界来说，通过演替而恢复到一个新的顶峰群落，可能需要几百年或几千年的时间，比人类一代人的时间跨度要长得多。有些物种可能无法跟上环境变化的步伐。它们可能会发现它们的活动受到人造障碍的阻碍，比如城市地区和基础设施，这个过程被称为“生态破碎化”。[21] 在阻止和修复这些破坏的过程中，生态设计师需要在所有范围内努力，跨越公共和私人土地，从城市到最荒芜的地方，连接和保护我们不可替代的景观。

目前的地球科学表明，人类实际上已经越过了**生物圈**（biosphere，见第 5 章和术语汇编）中运行系统的某些恢复力和承载能力的临界阈值。人类社会对自然环境的影响已经到了不可挽回的地步。这意味着，即使人类社会采取急迫的、广泛的、协调一致的再生行动，以解决和遏制人类当前行为的负面后果，并避免对未来的影响，但人类过去行为的影响仍将持续到未来。

例如，并不是所有排放的温室气体都能被完全同化和封存到自然生态系统中，因此大气中残留了大量的温室气体。[22] 这些气体累积的影响，可能会延续到比人类历史更长的未来，对环境和人类都会产生影响。

在自然恢复力的极限范围内设计和工作

需要强调的是，生态设计意味着**在自然的限制范围内**，在地球生态系统的**承载能力**（carrying capacities）和生产自然资源的能力范围内，进行整体工作。这意味着我们必须尊重恢复力的极限，并了解生态扰动可能导致生态系统崩溃的临界值。

自然生态系统有不同程度的能力，能够承受自然事件或人类干预对其功能的定期干扰、破坏或“冲击”。自然生态系统通常会适应这种干扰，从而继续支持生态系统典型的组成部分和过程。[23, 24] 大自然的这一特性通常被称为自然的“恢复力”。

生态系统中的每一个有机体，如细菌、原生生物、真菌、植物或动物（无论大小），都在维持该群落的稳定性及其栖息地条件方面发挥着一定的作用。[25] 关于这一作用对每个物种的重要性，各种理论都不尽相同，而且进行的实验（大多数是在适度的地理尺度上）表明，生物多样性与不同生态系统的生产力、恢复力和稳定性之间存在直接的关联。同样的实验表明，某些物种在某一特定时期似乎比其他物种重要得多（称为**基石物种**，见术语汇编）。然而，在一个变化的环境条件下，这种平衡会有改变，如果没有更广泛的物种多样性，整个系统不总是能够适应。更重要的是，当试图评估任何特定物种对生态系统功能的重要性时，必须记住，在其生命周期的某个阶段，某个特定物种对给定生态系统的正常功能可能并不特别重要，但在另一个阶段，它可能是该生态功能的基础。

如果生态系统的任何组成部分因任何破坏或干扰而减少或消失，则可能存在某种程度的替代，即生态系统的某一特定组成部分将承担先前组成部分（现在该部分已缺失）所提供的功能。然而，生态系统的恢复力和适应能力并不是无限的。随着关键物种逐渐消失，生态系统可能发生根本性改变。当达到临界点时，生态系统找回平衡的能力就会发生根本性改变。

随着某些环境扰动逐渐增加，超过恢复力的影响阈值点，通常是非线性的。生态系统组成要素和连续的次生效应之间的相互作用，形成了复杂网络，导致了这种非线性。例如，当一个物种消失时，对养分循环和生物量生产有着根本性的影响。又例如，范围够大的生态系统变化会出现对生物地球化学循环的影响，并改变大气成分。

在一个生态系统完全崩溃之后，自然可以通过生态演替的过程恢复和“重新开始”。然而，根据破坏程度的不同，后续的恢复可能不会在人类世代相传的时间内，而是会持续更长的时期。

生态系统局限的一个关键例证是森林吸收人类过量排放二氧化碳的潜在能力。关于控制二氧化碳水平的实验表明，幼龄、快速生长的森林可以使总净初级生产力增加25%。[26，27] 这一响应可能代表了森林固碳的上限。

自然基础设施（见第5章）设计的一个重要方面，就是需要在生态系统的关键**限制要素**（limiting factors）内工作。在这些限制因素中工作，不仅对建成环境的生态设计和建造至关重要，而且会影响所有人为设计的系统、人工制品及其所用材料的形式、内容、运营和生命周期物流。它们还会影响到**恢复**（recovery）的方法，以及在可行的情况下，最终将人造环境的所有组成部分**生物整合**（biointegration）回自然（**补给**，replenishment）的方法。这些阈值还应进一步有助于测定人类在**修复**（repairing）、**恢复**（restoring）**和稳定**（stabilising）自然环境已有损害的努力，以及**复兴和再生**（rejuvenation and regeneration）自然环境方面的努力。

在自然恢复力和承载力的阈值和限制参数范围内工作，是生态设计的附加要素。但遗憾的是，我们之前所做的，并不是在前面描述的限制和阈值内工作，而是以更快的速度在逐步削弱生物圈为我们提供生命支持系统的能力。我们通过：

- **直接导致自然栖息地的破坏、取代和破碎，**我们通过创建城市区域、交通网络和食品生产、材料提取和废物处理系统等措施进行干预。
- **将生物圈的大部分地区视为"环境汇"，**容纳不可生物降解的人造废物，从而极大地改变许多生态系统和生态系统进程。
- **生物库退化**（Degrading the library of life）——从基因到栖息地再到生物过程的所有形式的生物多样性——通常通过上述两个过程**不可逆转地**（irreversibly）退化了。[28]
- **不可持续地开发不可再生的自然资源和不可持续地改变水文地球化学循环。**

人类可能确实已经在许多方面**越过了**（crossed）生物圈恢复力和承载能力的**关键阈值**（the critical thresholds）。斯德哥尔摩恢复力中心（The Stockholm Resilience Centre）已经确定了 9 个这样的生物阈值，我们必须在这些阈值范围内采取行动，以确保人类和所有其他物种都有一个可持续的未来[29]：

- 可用土地。
- 全球气候稳定。
- 全球水文循环。
- 全球营养循环（氮和磷）。
- 海洋化学平衡（尤其是pH值）。
- 平流层臭氧层的完整性。
- 生物体的化学毒性负荷。
- 空气质量（尤其是颗粒物）。
- 生物多样性。

自然栖息地的破坏、取代和破碎

我们可能认为，与其他物种相比，人类“善于破坏事物”，尤其是当我们制造东西的时候。例如，我们现有的城市可以被视为寄生的生态系统——依赖于周围的环境。它们需要在地球上的大片土地上清除现有的栖息地，为我们的城市提供食物、能源、材料、产品和水，并让地球吸收它们产生的废物。这可以用全球生态足迹来衡量。例如，大伦敦的全球足迹大致等同于英国所有的生产用地。

城市发展和工业规模的农业涉及大规模的土地清理，导致生态系统破坏、栖息地和表层土移除、当地水文状况改变、栖息地破碎和其他破坏性影响。[30] 人为导致栖息地丧失的最鲜明例证，与我们的森林和林地生态系统有关。它们构成了地球大部分陆地表面的主要自然覆盖物。仅热带森林就产生了地球陆地净初级生产力的一半，是已知的最具生物多样性的陆地生态系统。[31] 然而，人类为了城市发展、林木业和木材产品、农业、建造管道等人造结构，而大范围清除了全球的森林，使得生物多样性、自然同化和封存人类活动产生的气体排放的有效能力大大降低。

虽然由于缺乏真正的基准记录[1]，我们无法完全衡量人类对自然环境造成的破坏程度，但世界上50%以上的森林已被人类活动破坏或退化。原始森林的数量持续减少，被改造为农业生产（特别是高度不可持续的养牛场）、城市发展、采矿和其他用途。每年有3200万英亩（1295万 hm^2）的森林被毁坏。通过人工种植和自然更新，有一些区域的栖息地得到了显著的恢复；然而，被清除和新再生的区域的物种多样性和生态系统健康水平，需要几个世纪才能恢复到原始森林的水平。

同样地，人类活动将大面积的栖息地分割成更小的区域，从而造成破坏；用人工制品和交通运输走廊分割景观，导致斑块和区域分离。这种破碎化的多重负面影响包括种群隔离，从而降低了遗传多样性，使物种更容易因疾病而灭绝，或更易受到外界干扰。小面积的栖息地使生态系统面临人类社会带来的“边缘效应”，包括污染、排放和疾病，也令更大面积的地表暴露在“边缘效应”之下。

此外，破碎的栖息地，对那些为了生存和繁殖都需要季节性长途旅行的迁徙物种来说是毁灭性的。例如，玻璃建筑（尤其是高大的，且在夜晚光线明亮的）每年会杀死全球数百万的鸟类，尤其是长途迁徙的鸟类，其中许多鸟在夜间飞行，且飞行海拔高度[2]相近。我们造成的挖掘凹陷，可能是许多动物的陷阱。交通运输路线也可以成为致命的阻碍。这样的例子不胜枚举。

滥用地球作为环境汇

正如前面简要提到的，人类还利用自然作为所有社会生产和排放的“环境汇”。因此，生态系统提供的一项关键“服务”，是将人类所有活动和系统排放的固体、液体和气体，进行封存、吸收、摄入和同化。

废物包括温室气体排放（不幸的是，大多数温室气体几乎没有经过任

---

① 译者注：指对自然环境最初状态的记录。

② 译者注：指与高层建筑高度相近。

何处理，就排放到了大气中）；液体径流，如人类污水和有毒污染；以及许多类型的不易回收或堆肥的废弃和不需要的固体废物。这些排放物对生物圈的不利影响包括气候变化和食物链的有毒污染，这些最终也会影响人类健康。现有城市是问题的核心，目前因为城市的生产和运行，产生了全球67%的人为温室气体（预计到2030年将增至74%）。[32]

虽然一些有限的废物产出可以被健康的生态系统同化和分解，但其他废物可能并不可以，或不那么容易。例如，自然生态系统在进化史上曾遇到过一些人造化学产品，这些废物可能包括采矿等活动产生的废物，以及许多来自工业的废物，这些废物含有浓缩的重金属、合成化学品和其他物质，所有这些废物在实际使用期限结束时，都需要特定的处理措施。

人为排放温室气体引起的气候变化会在生物圈引发一系列的次生影响，如物种分布、营养状况和资源可利用性的变化，从而使生态系统进入新的状态，而不再提供它们曾经提供的生态系统服务。例如，全球大片区域的作物生长条件正在发生变化，农业系统可能无法迅速适应这种变化，以致无法避免重大的影响。

就全球范围而言，另一个关键问题是**平流层臭氧层**（stratospheric ozone layer，见术语汇编）。这个区域有一种在生物圈中处于低水平时高度危险的氧化性气体（例如，由燃烧发动机废气中的氮气和碳氢化合物在阳光下反应而形成），相比之下，这一平流层气体层对地球生命至关重要。它能截获诱发癌症的太阳紫外线（UVB）。1985年，科学家发现，人类制造的化学物质氯氟烃（CFCs）已经到达了平流层，释放出高活性的氯，并破坏了臭氧层，在南极上空形成了一个大陆大小的空洞。人类在环境方面取得的最大成就之一，是1987年签署的《蒙特利尔议定书》，该议定书旨在淘汰氯氟烃，不再继续使用和制造这一化学物质。臭氧层空洞又重新开始闭合（尽管时至今日仍存在问题）。

很明显，我们的许多地方行动，通过影响全球进程和周期对整个生物圈产生了全球影响，导致全球生态系统和物种群落退化。我们需要从根源上解决这个问题，而不是寻求应用一些精心设计、成本高昂、可能不可持续的技术办法，来解决我们不必造成的浪费问题。

在公众看来，我们制造的一些“污染”似乎并不有害。例如，我们的人工照明系统所排放的光污染，会对许多物种的行为模式和生存产生非常严重的不利影响，包括昆虫、鸟类、蝙蝠和海龟。我们活动产生的噪声污染也会产生有害影响，特别是对海洋生物，会干扰它们的迁徙、行为和交流。海洋噪声污染已造成鲸鱼大量搁浅，减弱了海洋哺乳动物的繁殖和生存能力。

自然“生命库”不可逆转地退化

在（好莱坞）科幻故事的领域之外，人类还没有找到一种通过人工手段重建灭绝物种的方法。虽然已经从化石中提取出了基因（DNA），但这与重建一个消失的物种相去甚远。现在，一个物种消失了，它将永远消失。当我们造成这样的损失时，我们的行为是**不可逆转的**（irreversible），而且会产生不可预见的影响。

创造每个物种及其特征的许多适应性，包括每个个体生理中的个性独特的化学过程，是数千至数百万年自然选择的产物。我们受到自然界的启发，几乎可以制造所有的工程和设计产品，例如药品，这仅仅是因为，这些“解决方案”代表着众多的物种在进化历史中所面临的不同挑战，但在合理的时间范围内无法独立发现，若要完全呈现，则只能在实验室里。从本质上讲，生物圈是长期进化的产物，其目前的功能是至关重要的。

我们正在砍掉养活我们的手。物种灭绝、栖息地退化和人类对生态系统的改变，是对我们持续养活自己、避免资源冲突能力的直接和紧迫的威胁。虽然基因工程为我们提供了新的选择，但我们仍然惊人地依赖于自然发生的基因变异，而正是这种变异促使物种适应环境变化。

不顾生物多样性和受其影响的现有生态系统的运作，而进行的任何人类活动，无论是直接或间接地，不仅有导致向人类提供的生态服务质量下降的风险，而且会对我们赖以维持可持续未来的**生命库**（library of life）造成不可逆转的损失。

我们不能继续如此肆无忌惮地危害子孙后代与生俱来的权利，以及他们“通读”和从生命库中获益的机会。此外，许多人认为，这需要改变路径[①]且应被视为一种**道义责任**（moral duty），即保护和珍惜自然（人类构成了自然的一部分）的其余部分。

过度开采地球自然资源

自然基础设施包括**可再生**（renewable）与**不可再生的材料**（non-renewable material）**和能源**（energy resources），它们是我们建造环境的原材料。阳光可以被认为是一种有效的无限资源，但土地和淡水肯定不是。因此，我们只能生产一定的生物量，才不会完全破坏自然生态系统。

人类需要为子孙后代可持续地保护、节约和管理自然资源，避免不可逆转地耗尽这些资源。这意味着，考虑到全球人口增长的预测，回收非可再生能源，并且仅以或低于地球可持续再生的速度，消耗可再生能源。从这个角度来看，我们的设计系统，不管是大是小，以及所有相关的操作过程，都需要成为一个可以使用和再利用的“建成存储”（built conservation），即资源的储存地。

持续减少自然提供生态系统服务的后果

以上所述已清楚地表明，我们目前对地球生态系统的巨大影响，以及与之相关的全球生物多样性的大量丧失，正在给大自然提供生态系统服务的能力带来越来越大的压力。生物多样性的逐渐丧失将日益干扰生态系统的功能，阻碍大自然为我们和其他生命形式提供服务的能力，最终可能导致许多生态系统崩溃。到那时，生物圈显然将不能再支持地球上目前的人

① 译者注：路径指人类对自然的态度和使用方式。

口以及许多其他物种。到那时，人类将别无选择，只能试图复兴现有的生态系统，以恢复必要的生态系统服务。到那时，再让修复工作生效可能为时已晚。

由于公众的感知，并没有明显意识到自然界提供的这些生态系统服务，因此这些服务往往被许多人视为理所当然。目前为止，全球人口，包括其创造的过多的社会—经济—政治体系，还没有向领导人、工业界或政府施加集体要求，以寻找促进自然界提供生态系统服务能力的手段。这一点尤其适用于人类建成环境，及其内部或与之相关的所有技术系统。

由于自然提供生态系统服务的组成部分和过程，是相当复杂和难以理解的，而且在全球范围内进行相互作用，因此我们尚无法仅通过技术系统来有效地仿效、替代或复制这些生态系统，而现代人类文明仍然依赖自然和半自然生态系统。我们迫切需要对这一问题给予更多的考虑，以便找到解决办法。

践行“生态中心”，优先考虑自然基础设施

为了避免我们的行为对自然造成更严重的破坏，并开始对过去的伤害进行弥补，第一步就是要确保在设计过程中首先应用生态学。这就是所谓的“**生态中心**”（ecocentricity）。将自然置于人类的冲动和欲望以及人类技术的次要位置，并以此为框架或前提开展的方法，将永远不会实现地球上所有生命的长期生存和友好共存，而且很可能阻止人类实现可持续发展。迟早，未能优先考虑自然基础设施和全面的环境管理，将导致自然系统失衡，进而破坏技术、社会经济、政治系统和基础设施的稳定。

在自然的生物容量和恢复力的阈值内工作

生态设计的限制是什么？如前所述，我们需要重新审查全球生态系统的限制参数，以便从一开始就确定如何设计和运作我们的人造世界。

在实施生态设计时，设计者必须了解每个项目中自然基础设施的组成部分，并应用预防原则，努力确保受影响生态系统的生态完整性得以维持或增强。在每个我们要建造建筑系统的地方，生态系统的自然限制参数都限制了人类应该制造的设计系统、人工制品和建成结构的类型，以及这些系统如何被建造、生产、使用和恢复。它们会进一步影响已建成系统，从首次使用到最终回收到环境中的整个生命周期，包括材料内容、制造模式和运营。

我们所有的努力都要求人类“与自然”合作，“在自然中”合作。这意味着，我们需要确保，在人类的**生命周期**（life-cycles，见术语汇编中的“生命周期评估 life-cycle assessment”）内，其物质流的每个步骤和阶段的所有行动、干预和产品流程，不超过大自然的“容忍水平”。这些容忍水平是大自然的**恢复力**（resilience）和**生物容量**（biocapacity，即“承载能力 carrying capacities”）的**阈值**（thresholds），它们是自然生态系统过程、生物圈生物地球化学和水文循环的关键参数（第三章将讨论）。一旦越过这些阈值，就会对自然及其系统产生不可逆转的负面生态后果。

生态阈值是外界条件的微小扰动即引起生态系统迅速变化的点。当越过生态阈值时，生态系统可能再也不能恢复到以前的平衡状态。越过生态阈值会导致“**生态系统健康**”（ecosystem health，见术语汇编）的迅速变化。生态阈值代表着生态系统或生物系统对人类活动或自然过程所引起的外部压力的非线性反应。

地球的生物地球化学循环具有恢复力阈值，可以同化建成环境能源生产和制造系统的排放和产出。必须避免、重新设计和重新制造现有生产系统的“单向”废物能源流、排放流，使其在建成环境中形成良性循环、内部流动的“闭合循环”。

因此，生物圈、水圈和地圈的恢复力阈值就成了限制性参数，人类在自然界中的所有行动、活动和干预措施必须在其范围内发挥作用。我们需要摆脱标准的城市设计，因其中的建成环境被视为“碳排放的化身”，或者“物质形式的环境破坏”。

超出地球生物承载力的任何方面的人类干预，不仅会破坏地球的自然系统，而且会消除或削弱大自然为我们提供生态系统服务的能力。最终的结果将导致人类及其文明对未来的选择权利逐渐减少，直至消失殆尽。

首先应该考虑的是，一旦自然的恢复力阈值被大大超过，人类在设计上的努力方向就不再是先行和预防性的，而是成为一个在紧急任务中寻求“拯救地球”或“后卫行动”的问题——换句话说，即一场“竞赛和救援任务”。人类朝着生态有效的目标努力之前的等待时间越长，窗口期就越窄，有效行动的时间就越短。

因此，这些阈值是必须**限定**（constrain）生态设计在全人类及其建成环境的建造和运行中发挥作用的关键因素。

采用生态学作为行动基础："生态中心"的原则

我们的行为和活动的基础是什么？本书认为，我们所有的工作都对地球系统产生了不利影响，尤其是我们在设计、制造、使用和恢复事物方面的尝试，都需要得到**生态学**（science of ecology）的充分指导，并对生态学足够熟悉，以便在满足我们需要的同时，让自然恢复并蓬勃发展。在进行上述尝试的过程中，生态学在任何情况下都必须发挥不可否认的核心作用。

生态学是对自然界中生物成分及其非生物物理环境之间相互作用的研究，它们作为一个整体共同作用，其中的生物成分包括所有生命形式和有机体（生物成分）。

生态设计是指在人类活动、人造世界和建成环境存在的情况下，以生态学为基础，以节约、保护和造福生态系统和栖息地为目标的设计。这是一种将自然置于所有设计思维中心的方法，或者换句话说，它是一种以生态为中心的方法。这种方法在这里被称为“**生态中心**”，是生态设计的一个核心原则。

因此，我们的观点是，生态设计的设计思维需要在所有的尺度上应用，从全球范围的地球生物化学循环和利用自然资源的后果，到区域尺度的建成环境，再到生态系统中分子结构的生物和非生物组成的微观尺度。

生态设计需要考虑设计如何回应当地的生态系统和生态过程，使设计得以体现和运行。它要求设计系统如何能最大限度地减少和消除对栖息地和相关动植物的负面影响。

此外，它还探讨了设计如何有助于生物多样性以及栖息地、自然资本和生态系统服务的保护或恢复。生态设计认识到人类过去和现在对生态学原则和地球自然资源的局限性的集体忽视或否认，而这些直接导致了目前地球环境的退化。生态设计的观点是，生态科学必须是我们与自然合作的潜在关键的、不可推翻的和根本的原则。以这种方式工作正是生态设计的要义。

简而言之，生态学必须是一门至关重要的学科，它最能影响人类在地球上的所有行动、生产和其他干预，对已建成环境的制造、改造和整合，以及修复与自然之间存在的失调关系和分离状态，并帮助自然“复兴”。在任何时候进行这些努力，我们都需要确保地球的生态系统（见第 3 章）在长期内是健康、平衡、有效和可生存的。

地球自然系统之间复杂而难以理解的相互联系和相互依存意味着，在许多情况下，人类活动和干预的全部生态影响与结果可能无法得到充分理解或确切了解。了解生态系统，了解如何避免环境恶化和实现净收益，是一项复杂的工作；设计和实施至关重要的是，需要以一种多学科方法来理解生态系统中所有复杂的过程和相互作用。

重造建成环境，使之与自然共生

为了使我们的建成环境成为自然的一部分，并作为自然的一部分发挥作用，它需要与自然形成共生关系。“**共生**”（symbiosis）被定义为“不同生物有机体中的两种不同生物，以**互利**（mutualistic）、**共栖**（commensalistic）或**寄生**（parasitic）的方式，进行密切而长期的**生物相互作用**”（biological interaction，见术语汇编）。[33, 34] 这两种生物可以是人类社会和自然界中所有的其他生命形式。生态设计的目标是实现人类及其建成环境与自然生态系统、生命形式和生物地球化学循环之间的这种互利共生关系。

重造现有城市、城市群和城镇地区

我们现有的城市和城市群目前如何呢？城市是人类最大的建成环境和人工制品，也是人类社会制造的最重要的人工制品。城市被一些人视为人类最伟大的成就。但是，我们现有的城市和城市群是生态友好的吗？本书认为，我们需要从根本上改变和重造我们现有的和新的建成环境，及其系统的结构、形式和过程，使之与自然融为一体。

我们的城市是生态系统吗？这是值得商榷的。本书认为，我们现有的城市不是生态系统，如果许多城市生态学家坚持这一观点，那么我们可能会认为现有城市是不完整的生态系统，实际上是寄生在自然界的系统，下文将陈述。城市的模式必须改变，从现有的合成和压倒性的非生物状态（大多为变性和惰性状态），从现有的与自然明显分离的状态，转变为与自然融合的状态。现存城市和建成环境与自然的关系已失调，我们需要对其修复并重建。

诚然，自然存在于许多城市现有的城市领域中，但仅仅以修剪得很整齐的小绿地的形式存在，它们是为城市发展而被清理的生态系统的残余物，并且都位于城市的建成矩阵中。在一些情况下，自然被嵌入建筑结构中，比如中庭、露台和屋顶，以及安置于墙上。在许多情况下，这些自然的存在可能具有高水平的生物多样性，并且当今生态学家研究了其中许多地方。然而，事实仍然是，我们的城市地区，例如我们现有的城市，目前往往是非常惰性的和非生物的系统。建筑与自然之间的现有关系不是系统的整体，而是一种非系统的物质并列。当然，建筑环境中的每一块绿地都会带来好处，即使唯一可能的干预措施就是在花盆里放几朵当地的花。这些植物有助于形成一个生态系统，尽管是在城市环境中，也可以提供（生态）支持，比如说会利于蝴蝶生存。

如果我们把任何现存城市与荒野相比，它们的区别是不言而喻的。地球上现有的城市和城镇地区，特别是纽约、伦敦、东京、上海、迪拜等主要城市，并不能作为其周围自然环境的统筹和补充部分而发挥作用。例如，这些城市以燃烧化石燃料等污染方式获取能源，而大多数陆地生态系统则由太阳的可再生能源驱动。同样，尽管城镇中有（越来越多的）废物回收系统，但还没有系统地回收其内部所有运转的废物。我们绝大多数城市地区反而产生了大量的废物和输出物，这些废物和输出物被排放到环境中，或被排放到垃圾填埋场等城市堆积物中。现存城市与荒野的生态系统如此不同，不仅体现在表面上，而且体现在功能上，我们是否可以将我们的城市称为生态系统，则有待商榷。现有城市环境系统的许多其他方面，无论是与自然还是半自然生态系统相比，区别还是很明显的。

例如：

- 大多数城市基本上都是人工合成的，既不独立，也不自给自足。自然和半自然的生态过程被高度改造。
- 自然形成的生态系统随着时间的推移，从发展阶段到后期成熟阶段逐渐发展和变化，直到在有利条件下，一个群落逐渐取代另一个群落，进而建立**顶极群落**（climax community），该群落通常是稳定的，直至另一次大的环境扰动发生。自然生态系统通过这种演替过程而发生变化，其形式和结构的变化优化了它们对能源、材料和信息的利用。我们城市的整体情况并非如此，至多是其中的一部分与此类似。
- 城镇地区寄生性地依赖自然，开采资源而不提供回报。在远远超出城市范围的情况下，自然资源提供了所需的商品（能源、材料、食物和水）和所需的服务（净化空气和水）。
- 大多数城镇地区的建筑、生产系统和运营所需的材料来源，通常也在这些城镇区域之外，而且常常在相当粗放地使用后，就产生大量废物，并不像天然生态系统那样被回收利用，而常常被丢弃到远离废物产生地的垃圾填埋场。

- 地球上绝大多数天然的生态系统（除了一些极端的生态系统，例如硫基代谢、深海热液），[35] 其能量的来源是太阳。相比之下，大多数现有城镇地区依靠燃烧不可再生矿物燃料提供能源，由此产生的气体排放是当前全球气候变化的主要原因，因为它们是碳循环的净补充。还有一些自然系统显著增加了温室气体排放且排放量在持续增加。例如，河狸会在河道旁建造蓄水湿地，而产生甲烷（是一种强度为二氧化碳 25 倍的温室气体）的排放。由于狩猎压力减轻，河狸的数量在增加，甲烷的排放量也在增加。然而，我们最好将河狸带来的甲烷增长，看作对人为干扰之前的碳循环标准的回归，而化石燃料燃烧和土地利用造成的人为干扰是对先前存在的自然通量的额外负担。
- 大多数城镇地区的供水来源，不是来自收集的降雨，而是抽取自外部水源，这损害了当地生态系统（例如，从地下水含水层和河流中抽取水）。[36，37，38]
- 在大多数情况下，食物来源不在城镇边界内。它们大多在城市或乡镇范围之外，而且往往在很远的地方，交通工具的使用进一步消耗了更多有限的不可再生矿物燃料，并产生导致空气污染和全球气候变化的排放物。
- 世界上大多数城镇地区仍然在产生太多的各种各样的废物，而且对这些废物的回收和再利用的准备严重不足。

更重要的是，建成环境通常以能源、资源和废物的吞吐量和非循环流动为基础，其内的物质和能源流动也出现了严重的中断。与自然生态系统不同，城市“生态系统”只从环境中获取，而不是同时对其进行补充。

基于以上原因，我们是否可以把现有的城市和城市群称为“城市生态系统”，是有争议的。现有的城市是“不完整的生态系统”，是人类制造的高度受损和不完整的寄生生态系统，它们的边界只是人为划定的城市或城镇的界限。

可以得出结论，现有的城市和城镇一般并不“**生态有效**”（ecologically effective，见第29页），无法有效地解决地球系统的生态问题，而需要进行重造。改变我们现有城市和城市中心的不良状况是一项巨大的全球性任务，但如果我们想要有一个可持续的未来，这就必须成为生态设计的关键和紧迫任务。

将建成环境改造为“人工混合的原生生态系统”：“生态拟仿”理念

我们用什么作为生态设计的模型？如果建成环境要与自然有效地生物整合，它就必须变得像自然一样。它必须寻求与自然相似，具体来说，必须仿效和复制“**生态系统**”（ecosystems）的特征和属性，其中一些人将生态系统视为生态学的“自然模型”。生态系统是一个由有机（生物）和无机（非生物）组成的群落，它们相互作用，形成一个具有不同“**营养级**”（trophic levels）的动态的相互依存的系统（见第3章）。

将建成环境重构为“人工混合的原生生态系统”（constructed hybrid living ecosystem）的方法，在这里被称为**仿生学**（biomimicry）的仿效过程（见第3章）。这是对生态系统特征和属性的仿效和复制，这里称之为“**生态拟仿**”（ecomimesis）（见第3章），需要采用生物机械学和仿生学的方法。生态拟仿是对仿生学概念的发展，在这个概念中，我们设计和制造人工制品的灵感来自于自然形式和独特的自然过程（见第3章）。将人类建成环境重构为完全整合的生态系统，是生态设计的最终目标。

从本质上讲，我们现存和新建的建成环境都需要成为尽可能忠实和对称的“人工生态系统”，这些生态系统虽然是由人类设计和影响的，但必须从自然中发展，并成为自然功能的一部分，而不是脱离自然。换言之，把建成环境改造成人工生态系统——原生的“混合系统”，是指把它改造成一个联合的、以生物为主的系统，而不是把它变成一个由分散的、支离破碎的绿地和斑块组成的生态系统。

生态模拟作为生态拟仿的应用，是至关重要的哲学（“战略性的”）方法，也是我们应用生态学方法解决环境问题的关键支柱（见第 3 章）。

解答“可持续方程”

人类社会在寻求拯救地球的过程中需要解答和解决的关键因素是什么？很明显，我们“拯救地球”的任务不是一件简单的事情，而是需要艰苦的努力。本书认为，人类需要解决一系列体现在**“可持续方程”**（sustainability equation）中的因素。可持续方程是我们所有事业的首要背景框架，以完成上述一系列任务。

“可持续性”一词在某种程度上意味着某种事物的维持，简单地说，就是让它随着时间继续下去，这里指的是地球及其系统和所有的生物群。我们有效地处理和解决可持续性方程的所有方面，是实现全人类、生命形式及其环境在地球上具有恢复力、持久和可持续未来的关键。值得注意的是，可持续性在自然界中已经存在——本书认为，人类只需要忠实地模仿自然世界，尤其是“生态系统”，就可以重构和重造一个可持续的人类世界。

现在的人类社会主要是一种城市的外形，据预测，到 2100 年，全球 80% 以上的人口可能居住在城市中心。正是因为这个原因，我们几乎所有现有城市和城市群的低效和有害设计都需要重造，而我们的新城市和城市群的设计需要反思和重构。

这种重构不是从一开始就寻求问题的即时创新解决方案，而是从识别问题的原因开始，并将其置于能够进行创新的环境中。引起问题的原因明显是人类无情滥用自然的结果。该问题被概括地框定为一个包罗万象的**“可持续方程”**，包括同时实现以下关键目标：

- 满足人类社会和所有其他生命形式基本和必要的生活需求，例如提供基本住所以抵御恶劣天气，提供充足的食物和营养，提供清洁的水和卫生设施，在不产生污染排放的情况下让人们有效地工作、娱乐和停留，提供管理良好的公民服务和社区便利设施以及总体福祉。地球人口不断增加，可持续的粮食供应至关重要，据估计，到2030年世界人口可能超过85亿，而与此同时，地球支撑人口不断增加的能力实际上正在下降。
- 修复已经造成的环境损害，减少进一步导致生态退化的有害影响，并复兴或恢复现有的受损环境。
- 解决社会的人道主义问题，例如贫穷、疾病、失业、人口贩卖、破坏社会的毒瘾、有组织犯罪、民间冲突和其他社会弊病。另一个人道主义问题是如何有计划地控制人口增长，以避免给地球资源带来过大的压力，带来无法接受的环境破坏和社会分化。
- 改造人造世界及其城市建成环境，使其在制造、运营和处置过程中生态有效和生态友好。

可持续方程的重要意义在于，当今许多可持续发展的方法都是不完整的。即使是从业的环境保护主义者也倾向于实施一个方面，而忽视其他方面。“解”这个方程的行动不能是逐步的、单一的或零散的。

可持续方程涵盖了迫切需要人类处理的所有要素，而这些要素是与自然无缝衔接且友好共处的。方程中的所有挑战都需要同时解决，而不是顺序解决。行动必须是协调一致的、集体的和大规模的。它至少需要在基础设施尺度上，并在可能的情况下，在生物区域和全球范围内有效。这样做的原因应该很清楚（参见前述内容），因为我们目前作为全球生态设计师的角色，也因为这个角色所带来的自然管理的伦理义务。将这些解答可持续方程的目标，转化为对人类社会实施强制性指令的需求。

然而，整治已经对地球造成损害的环境，应放在最优先的位置，因为如果我们有清洁的空气、清洁的水、清洁的土地和健康的生态系统，再开始行动，所有其他问题都会变得非常容易解决。

总而言之，“可持续方程”构成了人类在“拯救地球”的事业中必须解决的关键问题。从整体上解决这些问题是生态设计的基本前提和目标。实际上，人类是否能够长期作为一个物种在地球上生存下去，取决于在多大程度上成功地应对了“方程”中固有的挑战。

概述生态设计的重点任务

一开始提到的，在制造、重造和利用人造世界和建成环境的过程中，我们努力处理可持续方程中的要素，会涉及哪些多重任务？生态设计的多重任务可以定义为：

生态再利用

仅仅关注生态设计的物质和实体方面就足够了吗？我们需要改变对自然和人类社会在自然中角色的看法。在认识到我们努力“拯救地球”和恢复自然的目标的同时，要认识到要实现这些目标，就需要进行巨大的改变，并对与自然有关的社会倾向、观念和意识形态进行划时代的重新审视（见第 9 章）。生态设计要求人类转变思维方式，特别是那些日常工作对自然环境影响最大、潜在威胁最高的人类社会活动，应从一种剥削关系转变为一种友好的管理关系（见第 7 章）。

生态中心的思想方式和意识形态受到生态学的影响和指导，它以自然为中心，寻求与自然友好和滋养的关系，避免对自然造成不可逆转的危害。

例如，人类的行为和我们的建成系统能以什么方式回应这个地方和生物区的生态？建成环境如何能与当地的生态、区域生态系统和地球的生物地球化学循环联系起来？我们如何最大限度地减少和消除对鸟类和其他动物等生命的负面影响？人类的行动和建立的系统如何有助于生物多样性、栖息地的保护或恢复，生态系统服务的增强，以及这些行动如何能为自然带来积极的净收益?

要实现人类的这一变化，就需要一种受倡导、劝说和教育影响的公共教育学。社会的“行为改变者”需要做出重大努力，要求人类超越我们建成环境和人工制品中人本位的目标，以重新制造人造世界和建成环境，就像对我们自己一样对待其余的生物多样性，设计界通过领导力和主动性来实施示范性设计，并最终通过所有人类社会的政治领袖来彰显意图和意愿，使人们接受生态中心的思想和方法（见第 8 章）。

作为实现“拯救地球”和“恢复自然”这一最终目标的关键，人类需要重新设计、重新制造和转换现有的人造世界和新的建成环境（如果可能的话），通过变得像自然一样（这里指变得像生态系统一样，或“人工生态系统”，即混合的原生生态系统）来实现生态友好，而不是在物质和系统上与自然隔绝和生态疏离。

人类需要改变对自身角色的认知，以及对自然中建成环境的认知，从而转变对自然的意识形态和思维方式——从把自然视为可无穷无尽开发的自然资源，转变为把自己视为自然的管家和伙伴（见第 9 章）。

生态再设计

生态再设计意味着我们需要以一种完全不同于当前规范的方式进行设计。这对所有设计师（如建筑师、工程师、城市规划师和工业设计师）来说都是最重要的因素。例如，在大多数传统的设计过程中，倾向于“从内到外”逆向工作（但并非所有情况下），即在设计系统的内部配置完成或部分完成后，评估所设计系统对生态系统和生物圈循环的影响。相比之下，在生态设计中，设计系统（除其他外）外部的生态环境必须在设计过程开始时就驱动设计结果。

例如，在开始设计之前，我们需要了解当地的生态和生态服务，这些服务在场地和整个生物区都是可利用的。设计需要以一种保护、恢复或增强生态系统服务的方式来开发场地，将土地与其生态历史联系在一起。当生态成为设计的重要影响因素时，外部环境和其他一切都会发生变化。对生态的关注会变得与人类的住所和便利设施一样多。

必须考虑的不仅仅是设计系统的物质取代或生态系统干扰的生态后果，还需要考虑设计中使用的多种材料与生态系统的相互作用，包括最初从地球上提取原材料，到设计人工制品的分解，并最终重新融入环境、补充自然等整个生命周期的每个阶段。

生态设计中的再设计，进一步需要重新设想人类社会的思维方式、构思方式以及创造其物质系统的目标（见第 7 章）。例如，再设计的修正方法要求我们从一开始就审视所设计系统本身的需求。

因此，生态再设计需要重新制定设计的基本前提，使其成为如前所述的，**以生态为中心**（ecology-centric）—— 一种尊重地球并以地球的健康为中心的方法。

采用以生态为中心的设计是一种环境友好的方法，可避免产生负面影响，同时修复过去对环境造成的损害，并避免此类损害重复发生。这种做法必须是整体性的，而不是逐步的，也不是零散的，比如将可持续工程的特性“栓接”到现有的环境缺陷系统上。

重新设计和重新制造必须在所有尺度上进行，从活动发生的地点或所建系统的所在地（如气候、土壤和动植物系统）到连接和保护各种尺度的不可替代的景观，这些尺度包括场地尺度、城市尺度、生物群落尺度，甚至全球自然循环的尺度。

生态重塑

生态设计的一个关键任务是“生态再构建”，这里定义为创造新的、重组的人造系统的过程，且与自然友好共处。生态再构建需要彻底反思和重新定义什么是生态有效和可持续的建成环境，以及它必须具备什么样的属性才能成为生态驱动的产物。

生态再构建意味着发展一个改进的、再设计的人造世界，它与自然的系统和过程协同工作，并在其与自然的接触过程中，处于自然的耐受范围之内。与其说人类试图控制自然系统和过程，不如说人类要以一种互利共生的方式与自然合作。它意味着改变和管理我们的物质干预和物质系统，包括我们的社会、经济和政治系统，以便于人类对自然给予应有的敬意和尊重，而不是试图改变自然。

虽然生态设计需要以与技术和工程系统共容的方式工作，但“技术为中心”的方法需要调和、适应和修改，才能与自然同道，并在自然系统的耐受范围内工作。

生态再构建，意味着仔细考虑制造和建造的所有阶段，以确保不会对环境造成损害，并再次尽可能扩大积极影响，以实现净生态收益。这种再构建还必须包括尽可能切实地补偿我们已经对自然造成的不利影响。

生态再建造

生态再建造不仅包括创建新的建成系统，还包括改造、矫正和再生那些并不生态有效的已建成系统。我们现有的和新的建成环境，不仅需要在实体的物质意义上进行再造，而且还需要对所涉及的过程、技术和算法进行再造。再建造产生于再设计和再构建的任务。

生态恢复与修复

生态恢复和修复是指处理已经对自然造成的损害，使生态系统和全球循环系统再生和恢复活力（不造成任何进一步的损害）。这作为可持续方程的一部分，是至关重要的，因为它恢复了基本的自然资本，提高了生态系统的恢复力和适应变化的能力，并恢复了生态系统服务，使人类从生态系统及其所提供资源的存在和运作中获得收益（见第3章）。

即使今天这种恢复性行动在各地已经开始，我们仍将与我们每天仍在持续造成的损害和我们过去造成损害的后果赛跑。一个经常被社会忽视的典型例子是，我们排放到环境中的污染物会造成生理损害，这些污染物会变成激素模拟物，并破坏动物的内分泌系统，包括我们自己的内分泌系统。

令人担忧的是，无论我们做什么，地球大部分的生态生命维持基础都已经遭受了严重影响。因此，我们不仅必须解决当前持续不断的污染排放对生态系统和全球循环的影响，而且必须处理已持续向大气、水和陆地环境排放污染物的问题。

生态系统恢复的崇高事业是试图使退化的生态系统恢复到一个健康和“功能齐全”的状态，以更接近它们的参照状态。一些恢复工作是以荒野为导向的，例如将消失的物种重新引入它们以前的分布区域，这通常是通过栖息地的恢复。但生态系统恢复的范围——从大尺度的整个生态系统，再到小尺度的城市斑块自然复垦，无论尺度有多大，目标都是恢复曾经存在的景观，以及尽可能多的功能。

生态恢复工作的进一步复杂性源于这样一个事实，即“球门柱”的移动①，这是由于自然环境固有的动态变化，尤其是当今的气候变化。[39，40]因此，选择恢复或创造的参照点并不简单。[41，42]通常需要预先考虑一个能更好地适应预测的未来状况（在可以做出此类预测的范围内）的动植物群落。[43]

在实践中，生态恢复是一项非常困难和耗时的工作，充满了失败的风险，至少也有只能部分成功的风险。此外，简单地提供植被并不等同于生态栖息地的创建或恢复。例如，在城市的街道上植树并不能产生类似于自然生态系统的任何东西。自然系统需要复杂性和多样性才能茁壮成长。自然生态系统中的营养物质以“营养结构”的形式流经食物链，即营养循环（见第3章）。显然，人类也不可能重新配置整个自然及其生物圈范围内的生态和生物地球化学系统（尽管听一些官方技术专家的话，人们有时可能会有不同的想法）。

此外，如果不“闭合循环”，并恢复制造和运行人造世界的产出，那么重新设计、重新构造和重新制造的人造世界是不完整的。因此，“恢复”包括解决设计系统、其组件和材料在其有效期和使用期限结束时发生的情况，并考虑其所有组件和材料是否可以成为新设计过程的一部分。或者，在材料的有效期耗尽时，需要将其友好地重新整合到自然环境中。

---

① 译者注：指规则的改变。

修复断裂的生态联系，重建自然系统

从生态学角度重新连接和整合建成环境与自然，意味着修复我们的建成环境与自然之间的“断裂连接”。我们的任务是在物质、生物和系统等方面，重新连接人造世界（尤其是城市的建成环境）与自然之间的界面，形成一种新的“**联系**”（nexus）。这必须确保人造世界的城市系统中，那些与自然脱节、分离或寄生依赖于自然的部分，在物质、生物和系统等方面，与自然联系在一起，并相互协作。我们需要认识到栖息地的连通性在所有尺度上的重要性。为了维持生物多样性、生态功能、气候恢复力、气候缓解和其他生态系统服务，保护必须超出边界，超越特定地点、逐块处理的方法，转向自然功能的尺度。

不断扩大的建成环境和人为的生态系统破碎化，导致物质和系统连通性断裂，生态设计的一个关键功能就是将其重新连接。在今天的地球上，自然和城市环境之间的物质和系统的连接通常不足。断裂始于城市地区所处生态系统的物质和空间的取代，尤其是在不考虑以前生态条件的情况下，对开发区及其生态相关的环境强制开发的情形。

实现生态有效

我们如何看待生态设计的成功？目前人类**设计**（designs）、**制造**（makes）和**使用**（uses）其建造的系统和人工制品的方式是有缺陷的，需要改变，使其**生态有效**（ecologically effective）。这里的“生态有效”是指不会对自然造成不可逆转的危害。更具体地说，这种生态有效性的关键衡量指标（但并不是唯一的）包括人类在制造、使用和操作人工制品和已建成系统的过程中，能够在多大程度上避免和消除对自然系统和生物圈循环的不可逆的负面影响，保护和节约地球的自然资源，确保对自然产生有益和积极的影响，并解答可持续方程。

“生态有效”是指为地球上所有生命形式及其环境创造一个具有恢复力、

持久性和可持续性的未来，即实现人类创造的世界，特别是人类建成环境与自然能够成功地生物整合。这就需要重新构造和重新制造我们现有的人造世界和社会，使之在自然中，并形成与自然有物质联系和系统融合的混合原生（生态）系统，采取尽可能接近实际可行的方式，而不与自然系统产生错位，朝着生态完美的世界迈进。

人类社会对未来的理想愿景——“生态乌托邦”

什么能定义我们对生态完美的人造世界和建成环境以及一个完美的友好组织的人类社会的设想？这里我们称之为“**生态乌托邦**”（ecotopia），与之相对的是生态反乌托邦。生态乌托邦是一个拥有清洁的空气、清洁的水、清洁的土地、健康的生态系统、清洁的建筑环境的世界，使健康的生态系统和健康快乐的人类社会得以繁荣发展。[44]

具体而言，“清洁的空气”是指未受碳氢化合物、过量硫和氮氧化物、臭氧、铅和许多其他污染物造成人为污染的空气环境。

“清洁的水”是指未受化学制品、致病微生物和废塑料等未回收废弃物品造成人为污染的水生和海洋环境。

“清洁的土地”是指，例如，具有健康的生产性土壤的陆地环境，这些土壤没有因过度从事农业生产或使用化肥、除草剂和杀虫剂而退化，处于生态平衡状态，使得寄生虫和病原体不会猖獗。

“清洁的建筑环境”是指其系统和过程不会污染，或对自然和人类社会造成不可逆转的伤害，其生产、运行系统和过程不会对自然生态系统和全球循环产生有害影响，并不会对可再生能源系统产生不良影响。

“健康生态系统”是指生态系统的完整性、承载能力和同化能力保持不变，并能无限提供生态系统服务的生态系统。

生态的“健康的人类社会”是居民的福利、生活方式和社会经济—政治—制度体系不对自然产生破坏，与自然和谐地存在着完整的伙伴关系，有机会进行身体活动和精神上的休息，所有这些因素都有助于促进人类健康和幸福。

在生态乌托邦中，建成环境中使用材料的“物流”是循环的，而不是“产量”。在每种材料的使用期限和有效期最终耗尽时，所有那些不再能重复使用或循环使用，或无法重造或重组，并转化为新设计和使用过程等形式的剩余材料，需要通过生物降解或生物整合等潜在的补充方式，友好地回归自然。

在生态乌托邦中，以生态为灵感的生活系统比比皆是，大大加强了人类与自然的联系，培养了管理、理解和共生关系，为人类和地球上所有其他形式的生命创造了未来。生态乌托邦颠覆了许多已经灌输给人类的价值观，这些价值观倾向于在物质上和系统上使人类与自然保持距离，以促进人类干预，不可持续地开发自然及其资源。

此外，在生态乌托邦中，人类停止设计生产对环境有害、对人类生存和持久文明不重要的商品和人工制品。问题在于现有的商业企业和营销行动，它们持续鼓励人类社会获得越来越多的人工制品，而这些人工制品超出了人类生存的必需，并暗示地球是人类使用和消费的物质和能源的无限源泉。我们需要在地球或自然资源和生态系统服务的限制范围内工作，并延伸到地球作为人类废物的环境汇的有限能力，以及其他有限的恢复力方面。

在生态乌托邦的愿景中，建成环境及其所有技术系统，并不存在在功能上作为实体独立于自然环境的情形，从而有“城市—乡村”或“城市—郊区”的二分法，而是作为综合技术—生物的系统存在。生态乌托邦是一个自然、人类社会和技术紧密联系在一起的世界。在生态乌托邦中，人类社会不再把自然及其建成环境和机器视为“我们与自然”的独立实体，而是将自然与建成环境的功能融合在一起，使自然与建成环境的界限完全模糊、融合，不发生冲突，它们的功能在系统上变得彼此无法区分。技术、工程和机器成为自然界生物和非生物组成的一部分。我们的思维变成了生物和非生物思维的混合体。

在生态乌托邦，我们还处理过去对自然环境的破坏，修复和复兴受损的生态系统和生物地球化学循环，修复现有建成环境的物质和系统等方面与自然系统的流动和过程之间的错位，久而久之，使自然和人造世界，在一个健康的星球上，在和谐、互利和共容的伙伴关系中共存和繁荣。

因此，生态乌托邦是人类社会需要实现的理想和愿望。到目前为止，还没有一个现有的人造系统和建成环境能够接近我们的生态乌托邦。目前在生态设计方面的许多尝试只是部分生态有效和成功的。例如，许多尝试不能有效地与自然界的系统进行有效的生物整合，也不能在整体上友好地与自然系统产生协同作用。

此外，我们目前还不太擅长为不断变化和动态的环境进行设计。在生态乌托邦，我们与自然的关系不是一种静态的并列关系，而是一种动态的伙伴关系，要对当地和全球的环境和社会文化变化做出反应。

其实，实现生态乌托邦就是我们的愿景，是人类追求的终极目标。因此，这是在“拯救地球”的事业中的挑战。对现有建成环境的重构和重造需要尽可能地相互协调，并与生态乌托邦的理想保持一致。在商业世界的业务实践中，这被称为战略计划。实现生态乌托邦则是我们的使命宣言。

解决我们所造成的环境问题？

我们能做些什么来解决我们所造成的环境问题？本书认为，我们必须从重新考虑我们谋划和建造现有建成环境的方式开始。实现这种生物整合必须从改变我们对待自然的方式开始。

我们需要避免目前占主导地位的做法，寻求与自然生态系统及其生物地球化学循环的无缝、协同、共生、互利、共存的关系，在这种关系中，在保证人类活动和发展的情况下，人类的所有行为都在寻求节约、保护和造福自然生态系统和栖息地。

在过去，我们所需的行动是预防性的，而今天的情形是一场“竞赛和救援”的任务。生态设计之所以重要，是因为拯救地球的努力是当今最迫切需要解决的问题，不仅是对于所有设计师和那些日常工作对环境造成影响的人，而是全人类，因为所有人都受到影响。

我们必须改变我们目前主导自然的方式，转而寻求一种无缝的、协同的、共生的、互利的、共存的关系，这种关系被称为“有效的生物整合”。在这项事业中，我们需要在保证人类活动和发展的情况下，保护和造福自然生态系统和栖息地。

如果我们能够成功地实现这些目标，我们也许能够限制我们对全球环境的持续掠夺，并开始修复我们已经造成的损害。这是人类必须应对的挑战，以实现人类可持续的未来，以及其他许多奇妙而独特物种的可持续的未来，而我们现在接手了对这些物种照料和管理的道义责任。这就是生态设计的目标和挑战。

完成这里所述的任务并不是一个简单、直接的事业——前提是生态乌托邦是一个绿色和可持续的世界，是一个我们大多数人都想要的建成环境——稳定和可持续的全球社会，是一个我们必须要创造的世界，也是一个可以实现的世界。这个意向声明（作为“宣言”）是生态设计宏伟而大胆的目标。

本章注释

[1] Berner, R. A. *The Phanerozoic Carbon Cycle: CO_2 & O_2*. Oxford University Press, 2004.

[2] Environmental Literacy Council. 'Biogeochemical Cycles.' 2018, https://enviroliteracy.org/air-climate-weather/biogeochemical-cycles/.

[3] Cain, M. L., et al. *Ecology*. Sinauer Associates, Inc. Publishers, 2014 (Ch. 22).

[4] Bunker, A. F. 'Computations of Surface Energy Flux and Annual Air–Sea Interaction Cycles of the North Atlantic Ocean.' *Monthly Weather Review*, vol. 104, no. 9, 1976, pp. 1122–1140. doi:10.1175/1520-0493(1976)1042.0.co;2.

[5] Environmental Literacy Council. 'Sources & Sinks.' 2018, https://enviroliteracy.org/air-climate-weather/climate/sources-sinks/.

[6] Karl, T. R. *Global Climate Change Impacts in the United States*. Cambridge University Press, 2009, pp. 13–52.

[7] Mathez, E. A., and Smerdon, J. E. *Climate Change: The Science of Global Warming and Our Energy Future*, second edition. Columbia University Press, 2018, https://blogs.ei.columbia.edu/2018/11/14/a-new-primer-on-climate-change/.

[8] Intergovernmental Panel on Climate Change. *Special Report on Global Warming of 1.5 °C (SR15)*. October 2018, www.ipcc.ch/.

[9] Environmental Literacy Council. 'Carbon Cycle.' 2018, https://enviroliteracy.org/air-climate-weather/biogeochemical-cycles/carbon-cycle/.

[10] Reisner, M. *Cadillac Desert: The American West and Its Disappearing Water*. Penguin, 1993, pp. 1–47.

[11] Singh, V. P., Mishra, A. K., Chowdhary, H., and Khedun, C. P. 'Climate Change and Its Impact on Water Resources.' In L. K. Wang and C. T. Yang (eds), *Modern Water Resources Engineering*. Humana Press, 2014, pp. 525–569.

[12] Costanza, R., et al. *Ecosystem Health: New Goals for Environmental Management.* Island Press, 1992.

[13] Lu, Y., et al. 'Ecosystem Health towards Sustainability.' *Ecosystem Health and Sustainability*, vol. 1, no. 1, 2015, p. 2. doi:10.1890/EHS14-0013.1.

[14] Rapport, D. 'Assessing Ecosystem Health.' *Trends in Ecology & Evolution*, vol. 13, no. 10, 10 Oct. 1998, pp. 397–402., doi:10.1016/s0169-5347(98)01449–9.

[15] Gunderson, L. H. 'Ecological Resilience: In Theory and Application.' *Annual Review of Ecology and Systematics*, vol. 31, no. 1, 2000, pp. 425–439, www.annualreviews.org/doi/abs/10.1146/annurev.ecolsys.31.1.425?journalCode=ecolsys.1.

[16] Ocean Health Index, 'Ecological Integrity.' 2019, www.oceanhealthindex.org/methodology/components/ecological-integrity.

[17] Darwin, C. *On the Origin of Species*. John Murray, 1859.

[18] Willis, K. J., and McElwain, J. C. *The Evolution of Plants*, second edition. Oxford University Press, 2014.

[19] Cain, Michael L., et al. *Ecology*. Sinauer Associates, Inc. Publishers, 2014 (Ch. 17).

[20] Harris, J. 'Soil Microbial Communities and Restoration Ecology: Facilitators or Followers?' *Science*, vol. 325, p. 573 (July 2009).

[21] Didham, R. K. 'Ecological Consequences of Habitat Fragmentation.' In *Encyclopedia of Life Sciences*. John Wiley & Sons, 2010, www.els.net.

[22] Lal, R. 'Carbon Sequestration.' *Philosophical Transactions of the Royal Society B: Biological Sciences*, vol. 363, no. 1492, 30 Aug. 2007, pp. 815–830. doi:10.1098/rstb.2007.2185.

[23] Finlay, J. C., et al. 'Human Influences on Nitrogen Removal in Lakes.' *Science*, vol. 342, no. 6155, 11 Oct. 2013, pp. 247–250. doi:10.1126/science.1,242,575.

[24] Wootton, J. T., et al. 'Effects of Disturbance on River Food Webs.' *Science*, vol. 273, no. 5281, 13 Sept. 1996, pp. 1558–1561. doi:10.1126/science.273.5281.1558.

[25] Liss, K. N, et al. 'Variability in Ecosystem Service Measurement: A Pollination Service Case Study.' *Frontiers in Ecology and the Environment*, vol. 11, no. 8, 26 June 2013, pp. 414–422. doi:10.1890/120189.

[26] DeLucia, E. H., et al. 'Net Primary Production of a Forest Ecosystem with Experimental CO_2 Enrichment.' *Science*, vol. 284, no. 5417, 1999, pp. 1177–1179. JSTOR: www.jstor.org/stable/2899039.

[27] Pugh, T. A. M., et al. 'Role of Forest Regrowth in Global Carbon Sink Dynamics.' *Proceedings of the National Academy of Sciences*, 19 Feb. 2019, doi:10.1073/pnas.1,810,512,116.

[28] Peterson, G. D., Allen, C. R., and Holling, C. S. 'Ecological Resilience, Biodiversity, and Scale.' Nebraska Cooperative Fish & Wildlife Research Unit – Staff Publications, vol. 4, 1998, http://digitalcommons.unl.edu/ncfwrustaff/4.

[29] Stockholm Resilience Centre, 'The Nine Planetary Boundaries.' 2015, www.stockholmresilience.org/research/Planetary-boundaries/Planetary-boundaries/about-the-research/the-nine-Planetary-boundaries.html.

[30] Despommier, D. D. *The Vertical Farm: Feeding Ourselves and the World in the 21st Century*. Thomas Dunne Books, 2010.

[31] Gough, C. M. 'Terrestrial Primary Production: Fuel for Life.' *Nature Education Knowledge*, vol. 3, no. 10, ser. 28, 2011, p. 28, www.nature.com/scitable/knowledge/library/terrestrial-primary-production-fuel-for-life-17567411.

[32] World Bank, 'Part III: Cities' Contribution to Climate Change.' *Cities and Climate Change: An Urgent Agenda*. World Bank, 2007, pp. 14–32, http://siteresources.worldbank.org/INTUWM/Resources/340232-1205330656272/4768406-1291309208465/PartIII.pdf.

[33] Kaminski, L. A., et al. 'Interaction between Mutualisms: Ant-Tended Butterflies Exploit Enemy-Free Space Provided by Ant-Treehopper Associations.' *The American Naturalist*, vol. 176, no. 3, 20 July 2010, pp. 322–334. doi:10.1086/655427.
[34] Cain, M. L., et al. *Ecology*. Sinauer Associates, Inc. Publishers, 2014 (Ch. 14–15).
[35] Wirsen, Carl O., et al. 'Chemosynthetic Microbial Activity at Mid-Atlantic Ridge Hydrothermal Vent Sites.' *Journal of Geophysical Research*, vol. 98, no. B6, 10 June 1993, p. 9693. doi:10.1029/92jb01556.
[36] Karamouz, M. *Hydrology and Hydroclimatology: Principles and Applications*. CRC Press, 2013.
[37] Margulis, S. *Introduction to Hydrology*, 4th ed. 2017, https://margulis-group.github.io/teaching/.
[38] Dang, T. D., et al. 'Hydrological Alterations from Water Infrastructure Development in the Mekong Floodplains.' *Hydrological Processes*, vol. 30, no. 21, 29 Apr. 2016, pp. 3824–3838. doi:10.1002/hyp.10894.
[39] Bao, K., and Drew, J. Traditional Ecological Knowledge, Shifting Baselines, and Conservation of Fijian Molluscs. *Pacific Conservation Biology*, vol. 23, 2017, pp. 81–87, https://doi.org/10.1071/PC16016.
[40] Duarte, C. M., et al. Return to *Neverland*: Shifting Baselines Affect Eutrophication Restoration Targets, *Estuaries and Coasts*, vol. 32, 2009, p.29, https://doi.org/10.1007/s12237-008-9111-2.
[41] Heymans, J. J., et al. 'Global Patterns in Ecological Indicators in Marine Food Webs: A Modelling Approach.' *PLOS ONE*, 2014, https://doi.org/10.1371/journal.pone.0095845.
[42] Olson, R. 'Slow Motion Disaster below the Waves.' *LA Times*, Sunday Opinion Section, Environment. 17 Nov. 2002, www.shiftingbaselines.org/op_ed/.
[43] Papworth, S. K. et al. 'Evidence for Shifting Baseline Syndrome in Conservation.' *Conservation Letters*, vol. 2, 2009, pp. 93–100, https://onlinelibrary.wiley.com/doi/pdf/10.1111/j.1755-263X.2009.00049.x.
[44] More, T. *Utopia* [1516], translated by K. P. Marshall. Washington Square, 1965.

延伸阅读

Birkeland, J. 2002. *Design for Sustainability: A Sourcebook of Integrated Ecological Solutions*. Earthscan, London.
Desai, P. 2009. *One Planet Communities: A Real-Life Guide to Sustainable Living*. John Wiley & Sons, London.
Edwards, B. 2005. *Rough Guide to Sustainability*. 2nd edition. RIBA Publishing in Association with Earthscan, London.
Farr, D. 2008. *Sustainable Urbanism: Urban Design with Nature*. John Wiley & Sons, Hoboken, NJ.
Giradet, H. 1999. *Creating Sustainable Cities (Schumacher Briefing)*. Green Books, London.
Low, N., Gleeson, B., Green, R. & Radović, D. 2005. *The Green City: Sustainable Homes, Sustainable Suburbs*. Routledge, Abingdon, UK
Register, R. 2006. *Ecocities: Rebuilding Cities in Balance with Nature*. New Society Publishers, Gabriola Island, Canada.
Rogers, R. 1997. *Cities for a Small Planet*. Faber & Faber, London.
Ruano, M., ed. 1998. *EcoUrbanismo*. Gustavo Gili, Barcelona, Spain.
William McDonough & Partners. 1992. *The Hannover Principles: Design for Sustainability*. William McDonough & Partners, Charlottesville, VA.

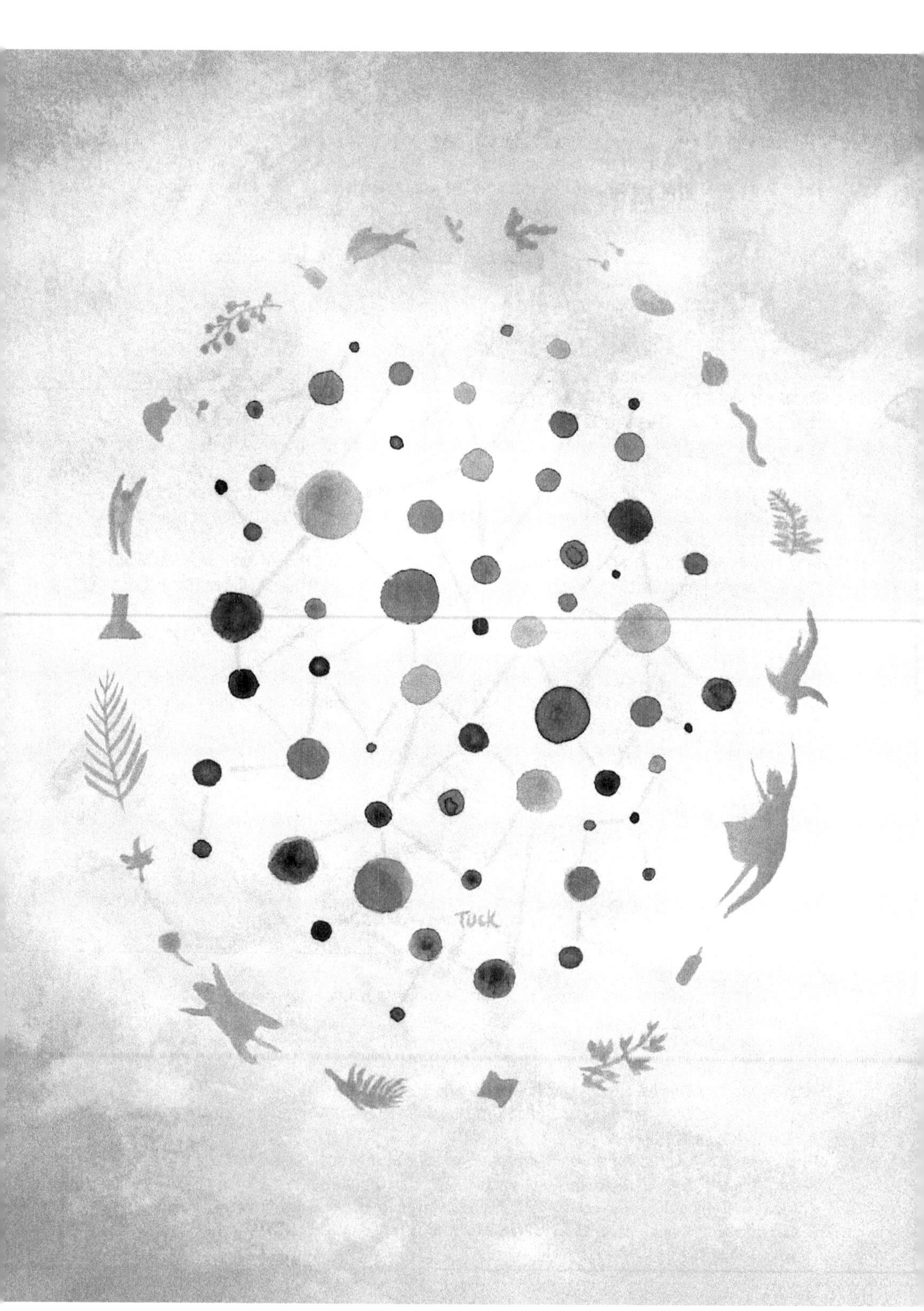
TUCK

2

纳入生态科学重新定义设计：生态中心原则

定义生态设计：生态中心原则

生态设计与传统设计有何不同？解决环境问题的设计需要与传统实践采用不同的方法。我们可以把生态设计定义为：对设计问题中生态决定因素和要素的综合和处理，同时努力为地球上所有生命形式及其环境实现一个具有恢复力的、持久的和可持续的未来。两者的不同之处在于，设计系统的概念化，设计中解决问题的尝试——设计中所有常见要素的处理，以及设计系统本身的后续生产，每个阶段都受到**生态学**（science of ecology）和**环境生物学**（environmental biology，见术语汇编）的影响和指导，其中环境生物学作为生物学的分支学科，研究有机体之间及其物理环境之间的关系。运用生态学进行设计，是其他绿色设计师的大多数可持续设计方法中所缺失的。以生态学为指导，并作为决定因素，甚至可以进一步说成是一个明确的要素，毕竟，如果我们要保护、恢复和养护地球的健康，这实际上涉及保护、恢复和养护地球的生态。运用生态学的这一原则在这里被称为“**生态中心**”（ecocentricity）。这是本书提出的拯救地球的行动中，显著且重要的原则之一。

生态中心的设计方法，涉及最小化或理想化地消除寻求任何潜在负面影响，主要指来自于人类行为及其设计系统对所有地球“领域”——**大气圈**（atmosphere）、**生物圈**（biosphere）、**水圈**（hydrosphere）和**地圈**（geosphere，见术语汇编）产生的影响，此外，该方法会在设计过程的各个阶段寻求对自然有益和积极的结果。

该方法要求从预先评估开始，评估任何设计系统或人类活动对自然和**半自然生态系统**（semi-natural ecosystems，见术语汇编）以及生物地球化学循环的可能影响。该评估要考虑所有生物及其在环境中的相互作用，包括人类活动或设计系统或人工制品产生的影响，既要做现场评估，也要做远距离场地评估。

这一考虑需要扩展到所有材料使用的环境后果，涉及设计系统的生产过程，通过物流从每个源头流向“汇”，或最终生物整合到环境中的过程。显然，在生态设计中，与设计问题、设计系统及其内容相关的考虑，要比传统的非生态方法涉及更多的要素，所有这些要素的考虑都必须深入了解生态学，并理解设计系统的生命周期。[1]

在进行生态设计时，我们的出发点必须是我们不认为自然是自然资源、生态系统和生态系统服务无穷无尽的来源，可以随意使用和消费。相反，生态设计试图防止和避免过度消费和消耗地球上有限的不可再生能源和物质资源，以及所有其他损害自然和地球的后果。在任何情况下，生态设计师都必须设法减轻和消除对自然的负面影响，以及自然提供生态系统服务能力的退化。

生态设计也不是单纯的人本位方法，它仅仅是为了确保人类的长期生存和人类文明的繁荣。还有一个基本问题——这是当今许多设计师和干预主义者忽略或无视的基本问题——对地球上的生命而言，这是一项至关重要的道德和伦理义务，与我们分析、预测和影响地球的特殊能力相伴相生。采用生态中心的方法基本上被认为是“正确的做法”。随着每一个遵循该方法的项目的实施，我们更接近于成为地球生物多样性、系统和自然资源的管理者，而远离人类作为其中的一部分所组成的生命网络的傲慢贪婪的剥削者和掠夺者的身份。

因此，在实施生态设计的过程中，必须接受一个相当大的挑战，即处理人类社会及其所有社会—经济—政治—制度和技术系统的巨大复杂性，以及处理整个更为复杂的自然。

定义设计及其过程

“**生态设计**”（ecological design）的过程是什么？正如前文所强调的，再设计和重造的重点需要以实现我们的人造世界及其建成环境与自然的有效生物整合为目标。然而，在生态设计的背景下，我们首先需要定义“设计”的含义。

“设计”在这里被认为是一种实用的解决问题的方法，用于综合和处理一系列与创造新事物有关的要素和决定因素。它是一种基于溯因推理寻求解决方案的过程，最终形成一种物质形式、概念、系统、过程甚至思维方式的解决方案。这种设计的输出可以呈现出来，比如在可视介质中，可通过图画提供现实的表达和模型。在严格的方法中，表达以物质或虚拟原型的形式实现，在最终设计生成并被人类社会采用之前，需要测试和改进，以达成设计必须满足的社会、政治和愿望需求。设计和构思解决方案的过程是一个“解决问题”的过程。与物品和场所有关的设计方法已被其他学科采用，如企业管理。

技术中心的方法及其缺点

目前可持续设计的其他方法有哪些？虽然许多人认为生态中心方法的论断是有价值的（如果不总是准备严格限制地应用），但当代人往往表现得好像高度致力于人类的技术进步和成就，而忽视了自然。

技术显然有巨大的好处（并且可以与自然协同工作，随后将探讨）。但是，社会现有的社会—经济—政治—制度体系鼓励技术自主、不受限制地发展，而往往不考虑生态后果。

此外，当代的可持续设计者和大部分人，倾向于对人类的技术和工程系统以及人类解答可持续方程的创新能力抱有极大的信心（见第1章）。当下有人认为，大自然内在的恢复力已经被全面地破坏和削弱，人类必须求助于技术系统来重新改造自然，并重新配置地球的新陈代谢。然而，完全以技术为中心方法的前提是，错误地认为自然的功能可以被技术和工程完全取代。无论如何，这种方法从根本上是有缺陷的，而且是高度人本位的。

与自然生态系统和生命系统的复杂和纷繁相比，即使是最复杂的非生物人造系统也相对简单。地球上的所有生命都是相互依存的，在动态、复杂和不确定的自然关系网络中紧密相连。自然生态系统有相互作用的复杂路径，高度相互依赖。对生态系统任何一个片段或部分的任何改变和操纵，都会在整个系统中引起反响。自然生态系统中的元素会使它们重新回到平衡状态，只要环境扰动不太大，就可以做到这一点（这是生态系统的“稳态”特性）。[2]

人类所有的行为和干预，无论是消极的（“有害的”）、中性的还是积极的，都会对地球的自然系统产生影响。例如，在某些情况下，将一种外来植物物种引入某一特定地区，可能会导致该物种迅速传播，因此其引入可能会损害当地的栖息地、动植物群。[3，4]

如果能源来自于化石燃料，那么看似无害的行为（例如，人在家中开灯），正在加速推动全球气候变化的进程。同样，每当有人开车时，他都会加剧气候改变、海洋酸化和冰盖融化，从而对自然环境和支持地球生命的自然系统产生影响。[5]

考虑一个技术和工程系统，比如火车引擎。引擎可以被拆开再重新组装，与原来的非常相似，而生态系统则不能被拆开再重新组装。火车可以停下来，向后移动，然后重新启动，而生态系统虽然常常能够从环境冲击中恢复，但不能简单地停止、逆转和重新启动。

经过技术和工程设计的系统，可以替换任何有缺陷的部件，以恢复其原始功能状态，且与原始状态没有任何差异，而生态系统则不能轻易拆卸和重新组装。人造技术和工程系统可以由现有零件组装而成，而自然界中的生态系统不能由现有零件完全组装而成。

创造栖息地的方法可以通过结合多种生物和非生物成分，从头开始建立一个生态系统，但是这个系统会在自然殖民化的作用下生长和发展，与其共同发展地进化，从而使最终的系统总是比任何技术系统具有更多意想不到的“涌现”（emergent）特性。

认识到技术系统中的这些方面，我们可以而且仍然必须创建混合系统，即技术—生物系统，制造尽可能无缝地与生物系统协作和相互增进的技术（见第3章）。

传统的建成环境认证和认可体系，如绿色建筑评估体系[①]、英国建筑研究院环境评估方法[②]和环保标章计划[③]，在向设计师和公众宣传可持续设计的原则、伦理和实践方面产生了一些显著的影响。然而，许多通过使用这些“绿色评估”体系获得深入认知的设计师，在充分了解和使用这些体系，并实现几项被“绿色评估”高度认可的建筑和总体规划（如“铂金”级）之后，他们质疑是否设计满足了认证体系的标准，就完成了绿色设计的“全部”。

现有的认证体系大多是规范性的，并不总是以绩效为基础。而更重要的是，他们在标准中没有全面考虑生物圈和生态。这就是生态设计与简单基于设计认证体系的区别。现有的认证体系需要扩展到全面以生态为中心的综合方法，在设计和建造建成环境和技术制品时，充分考虑生态因素。它们还应进一步扩展，将人类社会的社会—经济—政治体系作为一个重要的“基础设施”（见第8章）纳入整体的城市设计。

人本位方法：解决社会需求和价值观、亲自然性与人类福祉

生态设计应该人本位吗？答案是肯定的，但仍然对自然环境及其制约因素保持认知并做出反应。人本主义本身就是另一种同样有缺陷的设计方法，因为它完全专注于满足人类社会的需要，而忽视了更广泛的自然需要。

---

① 译者注：英文全称为 Leadership in Energy & Environmental Design Building Rating System，LEED

② 译者注：英文全称为 Building Research Establishment Environmental Assessment Method，BREEA

③ 译者注：指台湾省的 Green Mark

我们可以说，正是过度强调人类社会的需求而忽视自然，是造成许多现有环境影响的根本原因。

在生态设计中，我们需要认识到，人类只是众多共同进化的物种之一。每个物种，即使看似微不足道，但都在生物圈的运作中扮演着当前或潜在的角色。如果我们继续沿着自私地满足人类社会的需要而不考虑自然后果的道路走下去，我们不仅会极大地破坏“生命库”，而且几乎肯定会剥夺后代满足需求的机会，迫使他们接受一个枯竭、崩溃的生物圈。

生态设计作为应用生态学

生态设计与环境保护实践有何相似之处？生态设计实际上是“应用生态学”的逻辑延伸。应用生态学的传统方法——将生态学实际应用于挑战地球生物和物质资源的管理和保护——现在正扩展到人类建成环境的设计中。

从这个角度来看，生态设计是生态学在不同尺度相互作用下管理环境后果的实际应用，是从宏观层面（如对全球过程的影响）到微观层面（如已建成结构对动植物的局部空间取代）的应用。这进一步适用于设计系统所使用材料在其生命周期内的物质流动。

解决生态设计中的美学问题

我们如何将满足设计美学条件的需要与生态学相协调？美学关注事物的外观。取得美学设计的效果，意味着为人类用户创造多种感官体验的设计。设计系统的外观是影响人类社会对设计系统的反应的首要因素，决定着是被人类社会接受和广泛采用，还是被拒绝。

设计，除了是一个反复探索的解决问题的过程外，也是一种艺术性的、创造性的和部分直觉性的尝试，它既是一种技术过程，也是一门艺术，而生态学是一门科学。虽然设计系统的审美性质是主观的、不确定的，但它们在生态设计中起着重要和决定性的作用。

生态设计必须在技术上挑战“不必要的”或无理由的形式和表达。我们需要避免这样的情况：设计师用他（她）的个人风格进行设计，往往只是在形式上的无用表达，其利用知识进行设计的重点却不是实现生态友好。生态设计中的审美表达和形式塑造，需要以对自然的环境效益为依据。生态设计需要避免以不必要的方式，将物质特征和技术系统添加到设计系统中，从而导致地球有限的物质和不可再生资源的净浪费。设计时必须经常问的问题是：设计布局和美学表达是否是不必要的，是否会在设计系统中添加了不受欢迎的废物，从而可能损害生态系统的完整性或某种全球过程的运转。生态设计中的美学表达必须以生态效益为依据，例如在使用不可再生能源时必须实现节能。如果平衡效果是纯负面的，那么也许设计系统的表达方式就不应该被采纳，或者设计系统本身应该重新设计或者根本不进行设计。在解决任何设计系统的美学问题时，生态设计需要在设计的核心功能和主要目的、生态考虑（避免净危害和寻求净环境收益）和确保生物效益之间，实现精妙的平衡。在实现这些目标的过程中，生态设计必须确保各种功能都能得到适当的平衡，并且任何功能明显采用的任意一种设计表达或特征，都不应过度影响另一功能的最终优化。

生态设计必须挑战人类社会中不道德生产者的营销方式，他们利用人类对新奇事物和竞争的痴迷，而导致无端浪费。一个很好的例子是最新流行的电子产品趋势，这种趋势造成每年丢弃数量惊人的电子垃圾（e-waste）。美国人一生平均消费 4100 磅（1859.73kg）电子垃圾。[6] 2016 年产生了超过 4000 万吨主要功能齐全的电子垃圾。[7] 这比 2014 年增加了 8%，是塑料垃圾增长率的两倍。这堆垃圾（很大程度上是不必要的）可与 4500 座埃菲尔铁塔相提并论。这并不意味着一个设计应该是平淡无奇的，但它意味着设计的表达应该以环境或生态原理为依据。

解决生态设计美学的一个可能的方法是通过“**亲自然性**”（biophilia），[8] 其中生物美学为人类用户创造了多种感官体验，并提高了人类用户的福祉。近年来，亲自然性理论已经出现，并得到越来越多实例所证实。简而言之，亲自然性理论认为，人类对自然有一种与生俱来的亲近感——这种亲近感适用于不同的种族、年龄和性别。这方面的表现，包括我们对绿色城市、绿色建筑、创造多样化花园和自然设计模式的渴望。这一理论进一步发展了**亲自然设计**（biophilic design）的新兴实践。这就需要在整个设计过程中，详细考虑自然的这些方面，我们与之有着最强的亲近感，并试图最大限度地发挥它们对人类福祉的积极影响。有证据表明，当我们对自然的积极亲近感得到供给和满足，以及相关的生物恐惧倾向得到缓解（通常通过教育）时，我们可以从许多不同的方面裨益心理健康，并获得福祉，而且效果非常显著。

例如：

- 居住在绿色开放空间和自然保护区内或附近，可以增强人类的机能和福祉，特别是与生活在城市环境和硬质景观，以及很少或根本无法进入这种自然环境中的人相比。这一点在生物多样性地区尤其如此，其特点是明显存在干净、新鲜且最好是流动的水，为空间使用者提供避难所和有利条件，而且在植被覆盖方面，这些地区通常是热带草原（半植被覆盖）。
- 以出众的自然环境质量为特点的邻里和社区，往往会培养更积极的环境价值观，降低犯罪率，并提高生活质量。
- 缺乏以上特征的社区，似乎更有可能滋生犯罪、破坏行为和社会病态。
- 自然体验，实际上可以显著促进人类从疾病和手术中痊愈和康复。
- 与自然接触，可以促进社会联系和关系。
- 与自然接触，有助于提高智力表现和解决问题的能力。
- 亲自然设计的工作环境，可以减轻压力、增进绩效和提高生产力。

有必要认识到，虽然这些益处看起来普遍，但对社会上残疾、生病、孤立、处境不利或脆弱的人来说，它们可能具有特别的价值。

在解决任何设计系统的美学问题时，生态设计需要在设计的核心功能和主要目的、生态考虑（避免净危害和寻求净环境收益）和确保环境和生物效益之间，实现精妙的平衡。在这样做的时候，设计师必须确保功能得到适当的平衡，保持对其中任一种功能的执着，不会过度地削弱另一种占优势的功能。

生态设计的地方信息提供者

生态设计的关键信息是什么？对设计过程和后续综合的生态影响进行反复评估的过程，是生态设计过程的关键。任何设计系统在制造、使用、恢复和回归自然的过程中，应在材料和能源流动的每一步评估其环境后果。

如果我们要将不可预见的有害环境后果的风险降至最低，这一过程至关重要。事实上，生态影响评估不仅是设计的关键决定因素，而且是人类在地球上的所有行为和干预的关键决定因素。

因此，生态设计需要对生态系统中的生物群、自然环境和复杂的互动路径进行研究，这些研究尤其可能与原始和敏感的生态系统有关。生态设计师的评估专题源自对任何人类干预场地的生态系统状态和处境的基本研究，包括资源的可再生性以及生态系统提供其产品和服务的能力。与此相关的研究可包括以下方面：

- 生物多样性的时空格局。
- 通过生态系统的能量流动、物质通过食物链的物理循环，以及除食物外的所有营养物质的循环。
- 生态系统的发展和演变，以及生态系统生产力的变化。
- 污染物的封存和同化，以及环境作为人为废物和排放物的“汇”的功能。

- 生态系统过程逐年逐日（diurnal year-to-year）的变化——例如，生物群可以在资源丰富的时期积聚，但在资源稀缺时期崩溃，所有相关功能都将相应地改变。
- 气候和环境变化对系统性能的影响——例如，干旱、特别寒冷的冬季或虫害的爆发，都会强烈影响具有生物成分的设计系统的性能，对这些影响需要尽可能地做预先准备。
- 对项目或产品现场使用的材料及能源的来源地的影响——例如，为建造和生产我们居住的城市区域而开采资源，通常会对远离系统制造或设计元素使用的地方造成重大的生态影响；这些影响往往不仅限于不可再生或有限的能源资源和其他自然资源的枯竭，还包括丧失宝贵的栖息地、珍贵的物种，以及生态系统向资源所在地的人们提供服务和产品的能力。这方面典型的案例是海洋采沙，用于制造混凝土，以推动建筑业的发展。
- 选择对生态系统控制和管理，包括这种管理方式如何使生物圈生态系统和人造技术无缝结合。

生态设计保障净环境收益的积极作用

生态设计能够寻求缓解和消除负面影响，并为环境作出积极贡献吗？生态设计应延伸到保障生态环境的净积极效应和对自然的效益，以及对人类干预和人造系统造成的自然环境破坏的修复和复兴。还应扩展到封存碳、加强适宜的当地生物多样性、正常化生态系统生产力和恢复水质或土壤健康，例如通过生物整治，增加生态系统服务供给。[9]

这一方法的主要逻辑依据是现有的许多全球生态系统的退化状态。生态系统的退化导致它们对进一步环境变化的恢复力下降。今天，环境保护主义者最关心的是气候变化的潜在破坏性影响。通过恢复生态系统，我们还可以恢复其所有组成部分的长期恢复力，即生态系统的“完整性”。同样，如果我们致力于恢复退化的生态系统，我们就有助于补充有限资源的储存，以及它们继续提供生态系统服务的能力。

因此，在生态设计中，我们需要确保在产品或设计区域生命周期的某个阶段实现的净环境收益，不会因另一阶段的不利影响而消失。

以基础设施为导向实施生态设计

我们建成环境的有效生态设计不能局限于单体建筑，甚至建筑群的定额递增尺度，而应该在更大的城市“基础设施”尺度上加以处理（见第8章）。这意味着设计系统支持并允许能源、水、生物多样性、人和思想通过城市肌理流动。这些“基础设施”必须相互关联，并且“生态有效”。换言之，基础设施的整合必须优先考虑自然和生态系统服务供应（见第3章）。

生态设计和流动性

作为其技术基础设施的一部分，生态设计方法的一个特别的重点是人类社会对**流动性**（mobility）的要求（人、材料、食品和货物，无论是通过陆地、海洋还是大气），以及对空间的影响、不可再生资源的消费和消耗，还有污染排放方面的后果。

在当前绝大多数社会和城市条件下，流动系统仍然依赖私家机动车辆、公共交通系统、轨道交通系统、航空交通和其他主要以化石燃料为动力的交通系统。[10, 11] 因此，这些系统排放的大量温室气体，加剧了当今全球气候变化。[12] 今天的生态设计师应该注意到人类的交通系统急需重构。

生态设计和具体影响

一个设计系统的具体结果是什么？生态设计需要考虑用于制造、运行和回收其建成环境的每一个组成部分和材料，考虑所固有和体现的环境影响，包括其内涵能源、碳排放，以及在其生命周期中对生态系统和生物地球化学循环的具体影响。

生态设计中，用于量化任何设计系统中所使用材料的能源影响的一个通用指标，是其“**内涵能源**”（embodied energy，见术语汇编）。内涵能源是指生产任何产品或服务所需的所有能源之和，视为该能源被纳入或“内涵”于产品本身中——设计对象或系统所需的能源总和，包括通过原材料提取、运输、制造、装配、安装、拆卸、解构和（或）分解的整个生命周期。通过恢复和回收再利用的碳收益，可以部分抵消内涵能源。

虽然这一考虑根据潜在的气候变化，对于确定任何给定设计产品或系统的全面成本效益分析至关重要，但重要的是，生态设计师不能成为“碳计量的奴隶”，碳排放也不是有效生态设计的唯一决定因素。净碳排放量必须尽可能地最小化（或逆转），但不能以丧失其他关键的生态和社会生态系统功能为代价。

对于生态设计师来说，判定和评估并不是随着所设计系统的设计、生产或施工的完成而结束的。必须考虑到材料在其有效期和使用期限结束时的回收。这在材料循环中被称为“闭合循环”。“完成使用期限”指的是不能进一步以其废弃形式进行物质再利用的材料，而是需要将它们还原为原材料，然后再组合成新的有用材料，如使用过的金属、某些塑料和纸张材料。

生态设计总是寻求废弃材料与自然环境的生物整合，并在可能的情况下，使其通过自然系统得到最终补充。

生态设计从一开始就必须为将来对设计系统的每一部分进行解构、拆卸和再利用提供便利。这是生态设计区别于传统设计的另一个方面。在典型的实践设计中，没有生态学考虑，一旦设计系统被生产或建造，往往很少或根本不关心设计系统在其使用期限结束时会发生什么。

生态设计应寻求超越基于**单一重点**（singularly focused）的设计，如“净零能耗建筑”“能源正输出建筑”、废物回收系统（家庭和工业）以及其他系统和标签。

这些都是重要的单一主题，但这些方法需要在整体可持续生态设计的更大图景中进行构想。尽管所有这些方法都在一定程度上促成了整个可持续方程，但如果在处理更广泛的环境恶化问题的各个方面时，单独地、差别地、逐步地采用这些方法，它们仍然是无效的。如果不以“生态中心”的方式设法添加到项目中，它们甚至可能导致进一步的环境恶化。简而言之，人类建成环境的重新构造、重新设计、重新制造和恢复过程需要整体性地进行，并在所有地理尺度上发挥作用。

生态设计不是静态的——持续的环境监测、评价和响应

生态设计是一个静态过程的结果吗？没有精心收集和编译反馈，任何有效的设计过程都不可能有效地发展和成长。生态设计要求在材料的物流及其生命周期中的每一步，对人类干预及其设计系统对全球环境和人类社会的影响，进行连续地实时监测、判定、测量、理解、评估、预测，使之不断减轻。所需的工作不是静态的，而是动态的且不断变化的。当前的技术和基于数字技术的“智能系统”可用于实时监控，并能对城市状况的变化做出实时响应。

生态设计关键问题概述

生态设计被定义为一种解决问题的方法，它提供了解答**可持续方程**（sustainability equation）的物质环境方面的手段和方法。它的最终目标是改造我们的人造世界，为地球上所有的生命，不仅仅是人类，提供一个具有恢复力的、持久的和可持续的未来。这是一个过程，包括重新设计、重新构造、重新制造和重新利用我们的人造世界，使之与自然协同一致，并能支持自然。

生态设计的实施，涉及在尽可能多的要素下，设定和实现尽可能实际可行的绩效目标。解决所有多样的和相互作用的考虑因素，使生态设计明显比常规和传统的设计方法更加繁重和复杂。详细和全面的生

态分析和评估必须起主导作用。生态设计的一个关键原则是**生态中心**（ecocentricity），在设计系统的各个方面，从生态系统内的空间布局，到其生产以及整个流程和生命周期内的材料物流，都需要以生态学为指导和引领。第 3 章将进一步阐述这些考虑因素，其中引入了“**生态拟仿**”（ecomimesis）的进一步原则，作为我们重新设计、重新配置和重新构造我们人造世界的基础。

本章注释

[1] Carnegie Mellon University. 'Economic Input-Output Life Cycle Assessment,' www.eiolca.net/.

[2] Ernest, S. K., and Brown, J. H. 'Homeostasis and Compensation: The Role of Species and Resources in Ecosystem Stability.' *Ecology*, vol. 82, no. 8, 2001, pp. 2118–2132.

[3] Selge, S., Fischer, A., and van der Wal, R. 'Public and Professional Views on Invasive Non-Native Species – a Qualitative Social Scientific Investigation.' *Biological Conservation*, vol. 144, no. 12, 2011, pp. 3089–3097.

[4] Simberloff, D. 'Confronting Introduced Species: A Form of Xenophobia?' *Biological Invasions*, vol. 5, no. 3, 2003, pp. 179–192.

[5] Flynn, K. J., et al. 'Ocean Acidification with (De)Eutrophication Will Alter Future Phytoplankton Growth and Succession.' *Proceedings of the Royal Society of London B: Biological Sciences*, vol. 282, no. 1804, 2015, http://rspb.royalsocietypublishing.org/content/282/1804/20142604.

[6] Von Wong, B. '4100lbs of E-Waste Resurrected. Trillions to Go.' *Von Wong Blog*, 19 Apr. 2018, blog.vonwong.com/dell/.

[7] Baldé, C. P., Forti, V., Gray, V., Kuehr, R., and Stegmann, P. *The Global E-Waste Monitor 2017*, United Nations University, International Telecommunication Union and International Solid Waste Association, 2017.

[8] 'Biophilia' is a term first coined by the social psychologist and philosopher Erich Fromm in *The Anatomy of Human Destructiveness* (Holt, Rinehart and Winston, 1973). It was later developed into a full theory by the eminent biologist Edward O. Wilson and eminent social psychologist Stephen Kellert.

[9] Rittmann, B. E., and McCarty, P. L. *Environmental Biotechnology: Principles and Applications*. McGraw-Hill, 2001.

[10] Chang, K. 'Hydrogen Cars Join Electric Models in Showrooms.' *New York Times*, 18 Nov. 2014.

[11] Schiermeier, Q., et al. 'Energy Alternatives: Electricity without Carbon.' *Nature*, vol. 454, no. 7206, 2008, pp. 816–823.

[12] Lovins, A. B. 'More Profit with Less Carbon.' *Scientific American*, vol. 293, no. 3, 2005, pp. 74–83.

延伸阅读

Beatley, T. 2011. *Biophilic Cities: Integrating Nature into Urban Design and Planning.* Island Press, Washington, DC.

Beatley, T. 2014. *Blue Urbanism: Exploring Connections between Cities and Oceans.* Island Press, New York.

Carroll, B. & Turpin, T. 2009. *Environmental Impact Assessment Handbook.* Second edition. Thomas Telford, London.

Chartered Institute of Ecology and Environmental Management. 2018. *Guidelines on Ecological Impact Assessment in the UK and Ireland: Terrestrial, Freshwater, Coastal and Marine.* Chartered Institute of Ecology and Environmental Management, Winchester, UK. Available at https://cieem.net/wp-content/uploads/2019/02/Combined-EcIA-guidelines-2018-compressed.pdf.

Fuller, R. A. Irvine, K. N., Devine-Wright, P., Warren, P. H. & Gaston, K. J. 2007. Psychological Benefits of Greenspace Increase with Biodiversity. *Biology Letters,* 3, 390–394.

Kellert, S. R. 2005. *Building for Life: Designing and Understanding the Human–Nature Connection.* Island Press, Washington, DC.

Kellert, S. R. & Wilson, E. O., eds. 1993. *The Biophilia Hypothesis.* Island Press, Washington, DC.

Kellert, S. R., Heerwagen, J. & Mador, M. 2008. *Biophilic Design: The Theory, Science and Practice of Bringing Buildings to Life.* John Wiley & Sons, London.

Newman, P. & Jennings, I. 2008. *Cities as Sustainable Ecosystems: Principles and Practices.* Island Press, New York.

Nicholson-Lord, D. 2003. *Green Cities and Why We Need Them.* New Economics Foundation, London.

Ulrich R. S., Simons, R., Losito, B. D., Fiorito, E., Miles, M. & Zelson, M. 1991. Stress Recovery during Exposure to Natural and Urban Environments. *Journal of Experimental Psychology,* 11, 201–230.

3

通过“生态模拟”重构建成环境

重构人造世界的仿生学方法

我们如何以生态中心的方法进一步解决生态设计问题？正如本书前文观点，生态设计必须以有效的生物整合为中心，将人类创造的世界，特别是其建成环境，与自然融合在一起。那么，核心问题是，这是如何进行的？本节提出了一个概念性和实践性的步骤来实现这一目标（如第 1 章中所介绍的），通过对仿生技术和方法的拓展，以生态中心的方法来模拟“生态系统”，这里称为“**生态拟仿**”（ecomimesis）。这是生态设计的另一个关键原则。

对自然界以及有关人类对自然界进行仿效的大量研究和尝试，都集中在仿生学（早期称为“生物机械学”“生物力学”等）。这里将详细说明第 1 章中给出的简要定义，仿生学应用于人类设计是一种以自然为中心的设计方法，它基于仿效自然界中进化出的一些复杂事物，以有效的方式“解决”特定问题。[1, 2] 实际上是仿生学延伸的工作领域，包括生物机械学、生物力学和生物工程，涉及对生物系统的模拟和仿效。伦敦水晶宫（Crystal Palace）的端面窗就是一个例子，由于它太大了，工程师们都在为如何使它稳定而苦苦挣扎。最终成功的设计是仿照南美睡莲——亚马孙王莲（*Victoria amazonica*）巨大叶子的叶脉网状图案设计的，据说设计师约瑟夫·帕克斯顿（Joseph Paxton）曾指出，在邱园（Kew Gardens），这种叶子可以支撑一个婴儿的重量。

仿生学的前提是，通过研究自然界复杂、错综和大规模的生物系统的形式和功能，人类将最轻易、迅速地找到解决人类目前面临的问题和困难的有效办法。其理论基础是：在选择性的自然进化过程中，自然界的生物世界和生物系统，经历了数百万年的发展，最终产生了良好适应的物种之间的相互关系和功能的复杂性——这种复杂性根本无法轻易从头开始重建。自然世界包括各种系统、结构和过程，且已经在自然选择和进化的地质时间尺度上进行了尝试和检验。[3] 在大多数情况下，试图在人类生存的短时间内重复这种发展和完善的过程是不可能的。

采用基于仿生学的设计方法，首先要定义人类正在寻求解决方案的特定问题或困难。问题定义之后，应该有一个确定困难或问题的生态、社会和政治背景的过程。接下来是从自然界中寻找和识别合适的生物生命系统（有机体或过程），以寻求可能通过模仿为给定问题提供解决方案的潜力和可能性。

其次是从生物生命系统（有机体或过程）中，提取和推导出生物学原理，这些原理可为解决既定问题创造解决方案。最后，在基于仿生学的设计过程中，将推导的生物学原理应用于设计中，创造出一个**仿生解决方案的原型**（prototype bio-mimicked solution），以解决既定问题，且需在被采用之前通过严格的测试。

因此，应用于生态设计的仿生学，是一种生态中心方法，其前提是，在寻求真正开始修复地球并避免进一步的伤害时，我们需要变得像自然一样。我们需要重新创造我们的人类世界，不仅需要借用自然生命库的元素来帮助我们设计，就像仿生学实践一样，而且还需要确保我们的人造世界可靠地拥有整个“**生态系统**”（ecosystems）的特征和功能。这里提出的概念术语是生态模拟。为了推进这一主张，我们必须首先阐明“生态系统”一词的含义和性质。

生态系统的不同定义

意图是为了生态设计的目标，推导出生态系统的属性。生态学家使用

“生态系统”一词，来指代我们在地球上某个地方可以找到的一个特定的可识别系统，并将其作为一个概念结构。[4] 这些系统之间的区别需要在这里加以阐述。属性和区别对于生态设计的有效实践都至关重要。

生态系统作为特定单元

“生态系统”一词经常被用来指在地球上任何一个特定区域内，由生物和非生物组成的动态相互作用的整体系统。可以定义特定的组成部分和影响它们的自然力量，如当地的气候和邻近生态系统的外部干扰。一般来说，最终的能源来自太阳，尽管地球上许多地方以及陆地和海洋中，都存在基于其他能源的生态系统。[5]

生态学家经常提到地球上发现的生态系统，其描述词表明了不同程度的“自然状态”。[6] 许多人认为，人类破坏或“征服”自然的方式使人类与自然脱节，因为受人类影响所产生变化的规模和速度，在地球上已不再具有任何可与之匹敌者或对应物。因此，一个看来是通过不受人类影响或几乎不受人类影响的过程而形成的生态系统，通常被认为是“自然的”，而那些完全是人为的（如草坪）系统则是非自然的或“人工的”。最自然的群落通常也与最稀有和最特别的野生动物联系在一起，这些野生动物通常是在没有人为干预的情况下进化而来的，通常持续时间最长。

在这两个极端之间，有时会使用“半自然”一词，以长期的文化生态系统为例，这些生态系统归因于人类的持续存在，但很少有人居住，并且拥有大量且通常是特别的野生动物群落（如荒原）。

很明显，“自然状态”虽然是个有用的概念，在本书中用来指代那些人类影响最少的系统，但永远不能被认为是绝对的。首先，即使是地球上最偏远的陆地生态系统也会受到诸如气候变化、空气污染和水污染等人为变化的影响。在马里亚纳海沟（海洋最深处）的底部以及太平洋中部的荒岛上都发现了塑料袋。其次，也许更具哲学挑战性的是，人类，如果被认为是进化过程的产物，确实是自然的一部分，因此，我们存在的任何痕迹，甚至是完全非生物的人工制品，都可以在某种程度上被视为是“自然的”。

生态系统作为概念

正如在系统生态学中，“**生态系统**”（ecosystem）一词也常被用作概念性的非特定理论建构。在这个定义中，生态系统只是各种生物成分和非生物成分（如矿物和水）的任意组合，它们相互作用，形成一个动态的相互依存的系统，并伴随着相关的能量流，从而产生一种形式和功能的组合，尽管这些组合是可变的，但也可以被描述出来。[7] 例如，生态系统的特定元素可以被确定为在特定营养级上运行的一类有机体。[8] 虽然在大多数陆地生态系统中，各个层级之间可能存在程度很深的相互作用和角色替代，但我们有以下可识别的营养级类别，这些类别有助于分析和理解生态系统：

> **初级生产者**，如植物和藻类，通过光合作用的过程从太阳获得能量，将阳光、二氧化碳和水结合起来创造有机组织（或对以化学能源为基础的生态系统进行化学合成，例如海洋里的热泉喷口）。这为整个生态系统提供了营养和能源基础。
>
> **消费者**，包括所有的动物，不能生产自己的能量，只能消费其他营养丰富的有机体，消费对象为初级生产者或食物链中较低的消费者。
>
> **分解者**，如真菌和细菌，从分解有机物中获取能量，从先前存活的生物①中获取营养。它们将剩余的部分以有机化合物的形式回归土壤，以便在系统中循环利用。

各组成部分之间的动态相互作用，导致了在单个组成部分中无法发现的额外“涌现”特性，也就是说，任何生态系统的特性都大于其各部分的总和。生态学家以这种概念结构作为基础，进行自然行为的理论预测及解释实际观测到的自然现象。

---

① 译者注：指被分解时已经死去的生物。

在进行这些研究和预测时，“系统生态学家”应用了“一般系统论”的原则，这个思想框架可以追溯到20世纪初的奥地利生物学家贝塔朗菲（Ludwig von Bertalanffy）。[9] 这个框架阐述了热力学中的概念和原理，它用于阐述生态系统相互作用的组成部分的原则、普遍要素和特征，并提供一种处理、分析和描述它们的严格方法。这种方法是整体性的，与通常被称为还原论的方法形成了对比，其中，还原论试图将特定的影响因素分离出来，并逐个确定它们的作用。

生态模拟是基于生态系统概念的设计

我们如何实施生态模拟？“生态模拟”一词是指在人造世界中创造一个系统，该系统展示了自然生态系统的所有关键**属性**（attributes），并拥有自然生态系统的关键**功能**（functionalities），其中之一是在时空上与现有自然生态系统的无缝整合。

为了应用生态模拟方法，需要确定自然和半自然生态系统的标准属性。一旦完成，生态设计就能够更好地理解和应用生态系统的全面功能。

在将这些属性和功能列为标准（即“事物应该或应该怎么样”）并相互参照之后，基于“生态拟仿”的设计，可以专注于创造**能够与自然和半自然生态系统交互并发挥作用的最佳人造系统**（best possible human-made system able to interface and function with the natural and semi-natural ecosystems）。然后可以评估“涌现”特性（只有当生态系统作为一个整体运行时才能评估的特性），如有必要，对设计进行修改，以优化特性和由此产生的功能。

确定关键的生态系统属性和功能，以便仿效和复制

在重建人类世界的过程中，在生态设计中实施生态拟仿，我们可以仿效哪些自然生态系统的关键属性和功能？这些也适用于半自然和完全人工

的生态系统。

在生态科学领域，有完整的关于生态系统属性的文献，且正在急速增长。下面列出的内容，包括生态相关属性的关键范例，且将以易于概念化的方式尽可能简单地描述，并指出如何将它们应用于生态和生态模拟设计的过程，特别是城市领域和建成环境。

可再生能源基础

显然，大多数陆地生态系统从太阳获取能量，并将其作为一种可再生能源，有效地通过复杂的营养层处理这些能量，且处理效率通常随着生态系统逐渐成熟而提高。

建成环境的相似特征是显而易见的。由于持续气候变化的潜在毁灭性后果，我们确实必须要结束对使用污染性矿物燃料的依赖，并寻求尽可能接近使用需求的能源产出和保存系统，以见证生物整合的城市生态系统朝着更高的效率发展。

材料回收利用

成熟的自然生态系统，在回收利用其生物和非生物成分、营养和能量方面非常高效。热带雨林就是个很好的例子，在热带雨林中，营养物质被各种营养级很好地循环利用，以至于土壤本身几乎是贫瘠的，如果森林覆盖被移除，雨林很快就会瓦解。[10]

与创造城市领域并行的是贯穿生物和非生物材料的“闭合循环”概念，包括材料的再利用、循环和补充，包括对环境的友好补充和重新融入。

生态演替

生态系统的变化，是通过物种组合、新物种的加入和一些现有物种离开系统的过程而实现的，通常系统的总生物量会稳步增加。这就是所谓的“生态演替”。在仿效这一属性时，人类的人工制品和城市领域，应被视为动态的生态系统，并按总体规划进行管理。为了发展最具恢复力和功能的混合型城市生态系统，需要在空间、时间和管理上为发生的演替过程留出余地。为物种开辟新的栖息地和促进物种演替提供联系是至关重要的。在某些情况下，物种无法自然定殖，可能需要在特定的功能阶段“由管理层阻止”演替，以优化所需的生态系统服务，但随后管理层的产品需要反馈到同一个系统中，并为其提供营养物质。

生态系统稳态

生态系统总是在不同程度上处于不断变化的状态。它们的有机体、数量和关系，在演替、局部灭绝和重新定殖的过程中发生变化。现存物种与其自然环境之间复杂的相互作用，控制着这种演替的模式、速率和界限。许多较小生态系统的连续变化会积少成多，对较大的生态系统产生重大影响。

即使是最稳定的生态系统，在受到周期性或灾难性干扰时，也会发生变化。然而，在进化过程中，自然选择倾向于那些能够恢复到以前（或类似）平衡状态的生态系统，就像恒温动物通常可以控制自己的体温一样。[11]

当我们将这些特性应用于我们创造建成环境的思维时，我们需要考虑控制系统的监控和反馈，使系统能够实时响应扰动，无论扰动是由人为因素还是更大范围的环境变化引起的。

在理想情况下，相关的大量和复杂的监测，需要针对生物地球化学循环和人类行为及活动特征等方面，进行全生物圈范围的连续盘点，并建立地球生态系统状况的遥感—响应系统。这需要与矫正机制无缝衔接，从而能够进行几乎即时的预防、矫正和修复行动。

生态系统连通性

虽然科学家和理论家可以定义独立的生态系统，实际上它们根本不是独立的（除非它们是在实验室的试管中），而是以各种方式与其他各种生态系统联系在一起。物种和遗传多样性的汇集，是维持自然界生态系统活力和适应性的重要因素。此外，有些物种依靠各种不同的生态系统完成其生命周期。

因此，我们这个世界的生态模拟设计需要包含一个“连接”，即相互连接的设计和整合的自然、半自然栖息地与更大范围的生态基础设施相结合（在第5章中称为“增强建成系统”）。在进行连接的设计时，需要运用细致的科学知识，使它们适应研究物种的需要，并尽可能使它们具有多功能性（见第4章和第5章）。

但除了栖息地的联系之外，还需要在建成城市领域的物质性和地球的生物地球化学循环之间建立联系。

生态“完整性”（主要基于物种多样性）

生态完整性是一个复杂的概念，对此已经有了大量的论述。[12] 简单地说，生态系统要健康并提供生态系统服务（见下文），它必须在适当的程度上，在相互作用的最佳互动平衡中，有充分的组成要素（生物和非生物的）。[13, 14, 15] 显然这是有余地的，但由于稳态机制，生态系统通常会在扰动后，在给定的环境条件下回到功能最优状态。总的来说，特定生态系统中，物种多样性越高，该生态系统对环境变化和冲击的恢复力就越强。这在一定程度上是由于系统中存在更大的冗余度：当一个组成要素衰退或灭绝时，另一个组成要素可以承担其功能角色，并维持整个系统的完整性。

以生态模拟的方式设计我们的人工制品和建成环境时，其目的是确保生物和非生物成分（如物理和生物有机成分，包括所有当地物种和适当的物种）的完全整合补充和平衡，为物种增加或自然定殖确保供应或提供功能性途径。在我们进行设计的地区，我们的目标是保证环境相关的生态系统①的完整复杂性的发展和持续。

换言之，我们需要在各个层面——栖息地、物种、亚种、物种个体和城市领域的生态过程，最大限度地发展生物多样性，这也适合当地的生态参照环境（见第4章，对给定项目的生态目标主题进行了进一步讨论）。

---

① 译者注：原文中为“contextual ecosystem”

生态系统功能和生态系统服务供应

生态系统的“功能”，在于它们为所有生命的持续维持提供了基础。这些功能包括为生命提供适宜的气候、健康的空气、健康的水、健康的土地、健康的食物、住所和其他材料，以及持续的能源。当从生态系统功能中受益的生命是人类时，所产生的效益通常被称为“生态系统服务”。然而，这是一个高度人本位的定义，我们需要重新考虑“生态系统服务”一词，是否适用于地球上所有的生命形式。

在遵循生态模拟原则的任何系统或城市领域的设计中，附加值来自于这样一个事实，即所形成的系统能够提供生态系统服务。第5章和第6章进一步阐述了生态系统服务的主题，但总而言之，在人类的人工制品和城市地区设计中的生物整合元素，可以对气候控制、水管理、水净化、食品和燃料生产以及营养循环等作出重大贡献。将这种功能集成到任何设计系统中，可以减少对远近区域的其他生态系统所提供服务的依赖。

人类尚未普遍要求确保我们的人工制品和建成环境的设计能够维持大自然提供生态系统服务的能力，但随着人口迅速增长，建成环境的指数级也有所增长，在我们设计的领域之外支持生态系统的能力却持续下降。这一要求将发生改变，以便能为我们提供健康和富足生活所需的一切。

其他生态系统属性

除了上述属性外，气候条件的变化导致了不同生物群落的建立。在城市领域的生态设计中，仿效生态系统对气候响应的实践方法，是创造一个与当地气候相适应的建成环境。这种“生物气候学”设计方法，将创造出对不同气候条件做出不同配置响应的建成系统。

基于绩效的框架

本书认为，生态系统的上述属性和“涌现”功能，为我们人造世界的可持续重构提供了一个关键的、基于绩效的框架。应该补充的是，很难（因为生态系统的涌现特性）完全判定根据生态模拟原则设计的系统将获得怎样的功能。但是，仍然可以为所有功能设置基于绩效的目标，所创建的设计系统将随着时间的推移得到监测和修改，从而实现这些目标。

将建成环境创造为多元生命系统

我们现有的城市和其他城市地区（如第 1 章所述），作为人类最卓越和最大的全球人工制品，目前通常并不能与自然友好融合。相反，它们通常会造成污染，产生净废物并消耗不可再生资源。因为这些效应影响到地球上大多数生命的生存，我们现有的建成环境及将要建的人工环境需要尽可能地重构和转变为“新的人工生态系统”——由合成和半合成的人造结构与自然系统无缝衔接而成的多元“生命”系统，这些系统是更大范围的自然的组成部分，而不是与之分离。

我们可以将“技术—生物的人工生态系统”的概念称为混合合成系统，就像流行科幻小说中描绘的“生态机器人”。显然，这不仅需要在城市中拥有绿色空间，还需要城市具有显著的生物多样性。它指的是把建成环境重造为完整的多元生命系统（a whole multi-brid living system），而不是作为分散的绿地和斑块。其目标不仅要消除城市和非城市地区之间的区别，还要消除人造和自然的区别，代之以融合的、无缝的、协同的和紧密的生物整合构造。

实施生态拟仿的关键原则

当我们踏上生态模拟的道路或重构我们的世界时，需要牢记指导总体方法的关键原则。

第一，它应该有适当的目的。将生态模拟应用到设计中，并不是要应用和复制一组属性来确保人类的舒适生活。它需要有哲学和道德上的目的，旨在解决当今人类面临的关键问题，并能够处理“可持续方程”中固有的多个方面（见第1章）。这反过来意味着避免现有的环境和社会破坏，防止新的破坏，尽可能生态有效，并促进人类文明。

第二，它应该完全与环境[①]相关。人类创造的任何混合生态系统，不仅必须具有自身的功能，而且还必须与附近以及更广阔区域的系统在结构和功能上无缝整合。这可能需要在设计中创造自然存在的生态系统的生物工程复制品，与其余的城市基础设施无缝整合。这种关系不仅要在局部有效，而且要在与生物区、生物群落和整个生物圈相互作用的所有尺度上有效。这一目标的全面性，将生态设计与传统设计区分开来。

第三，它应该是包罗万象的。例如，它不应止于创造的人工制品或城市区域的范围，还要解决在制造人工制品或场所的整个生命周期中，所使用要素进行物质流动的所有步骤。它还需要进一步应用于建成环境的技术和操作系统，以及使用人工制品的人类社会政治系统，影响人们的思想，使其与自然建立更为友好和可持续的关系。

第四，要努力使人和自然的利益最大化。显然，通过优化供应生态系统服务，人们将从中受益。但是，通过谨慎地将技术与自然结合起来，我们就有可能得到被认为是“自然增强”或自然提升的解决方案，从而提高自然或半自然生态系统的固有恢复力或生产力，例如，为构成生态系统的物种提供额外的庇护所。

通过“生态模拟”重构建成环境

这项事业的现状如何？各种典型的解决方案已经在各种建成系统中单独或分别实现，因此正在测试以供社会采纳。然而，我们还没有看到这些方案被整合到一个全面和整体设计的单个系统中。因此，这是当今人类以生态模拟的方式进行生态设计时所面临的关键挑战，是生态设计的另一个

① 译者注：原文中为“fully contextual”

关键支柱。

采用“生态系统”概念，作为人类整个城市群的仿效和复制模式，以成功地实现生态模拟，这意味着这些城市不再脱离和疏远自然存在的生态系统，不再寄生于人为划定的建成环境边界之外的自然环境，才能获取关键的资源输入。

理想的重构和重组的建成环境，应成为生态有效和发挥作用的生物圈的必需组成部分。应该指出的是，人类对地球造成了一些大规模的生态系统破坏，可能已经变得不可逆转。例如，我们目前还不能使灭绝的物种重生。因此，我们可能需要接受一个事实：尽管人类拥有高超的技术力量和创新能力，但在某些情况下，我们修复和恢复系统的努力，只会取得局部和逐步的成功。此外，人类的社会政治系统是不可预测的，而且目前还远不允许全球采用生态模拟原则。然而，我们认为，这种限制不应妨碍尽可能全面地实施生态模拟方法。

本章注释

[1] Benyus, J. M. *Biomimicry: Innovation Inspired by Nature*. Perennial, 2009.

[2] Pawlyn, M. *Biomimicry in Architecture*. RIBA Publishing, 2011.

[3] Darwin, C. *On the Origin of Species*. John Murray, 1859.

[4] Cain, M. L., et al. *Ecology*. Sinauer Associates, Inc. Publishers, 2014 (Ch. 1).

[5] Wirsen, C. O., et al. 'Chemosynthetic Microbial Activity at Mid-Atlantic Ridge Hydrothermal Vent Sites.' *Journal of Geophysical Research*, vol. 98, no. B6, 10 June 1993, p. 9693. doi:10.1029/92jb01556.

[6] Molla, A. S. 'Natural, Semi-natural, and Artificial Ecosystems.' *The Daily Star*, 29 Nov. 2008.

[7] Bunker, A. F. 'Computations of Surface Energy Flux and Annual Air–Sea Interaction Cycles of the North Atlantic Ocean.' *Monthly Weather Review*, vol. 104, no. 9, 1976, pp. 1122–1140. doi:10.1175/1520–0493(1976)1042.0.co;2.

[8] Pimm, S. L., and Lawton, J. H. 'Number of Trophic Levels in Ecological Communities.' *Nature*, vol. 268, no. 5618, 17 May 1977, pp. 329–331. doi:10.1038/268329a0.

[9] Von Bertalanffy, L. *General System Theory: Foundations, Development, Applications*. Braziller, 1980.

[10] WildMadagascar.org. 'Why Rainforest Soils Are Generally Poor for Agriculture.' 2019, www.wildmadagascar.org/overview/rainforests2.html.

[11] Ernest, S. K., and Brown, J. H. 'Homeostasis and Compensation: The Role of Species and Resources in Ecosystem Stability.' *Ecology*, vol. 82, no. 8, 2001, pp. 2118–2132. doi: 10.2307/2680220.

[12] Ocean Health Index. 'Ecological Integrity.' 2019, www.oceanhealthindex.org/method

ology/components/ecological-integrity.
[13] Costanza, R., et al. *Ecosystem Health: New Goals for Environmental Management.* Island Press, 1992.
[14] Lu, Y., et al. 'Ecosystem Health towards Sustainability.' *Ecosystem Health and Sustainability,* vol. 1, no. 1, 2015, p. 2. http://dx.doi.org/10.1890/EHS14-0013.1
[15] Rapport, D. 'Assessing Ecosystem Health.' *Trends in Ecology & Evolution,* vol. 13, no. 10, 10 Oct. 1998, pp. 397–402. doi:10.1016/s0169-5347(98)01449–9.

延伸阅读

Grant, G. 2012. *Ecosystem Services Come to Town: Greening Cities by Working with Nature.* Wiley-Blackwell, London.
Naeem, S. et al. 1999. *Biodiversity and Ecosystem Functioning: Maintaining Life Support Processes.* Issues in Ecology, 4. Ecological Society of America, Washington, DC.
Wells, M. J., Timmer, F. & Carr, A. 2011. Understanding Drivers and Setting Targets for Biodiversity in Urban Green Design. In: K. Yeang & A. Spector, eds, *Green Design from Theory to Practice.* Black Dog Publishing, London, 13–32.
Wells, M. J. & Yeang, K. 2010. *Biodiversity Targets as the Basis for Green Design. Architectural Design Magazine* Exuberance Profile No. 204: New Virtuosity in Contemporary Architecture, 130–133.

TUCK

4

生态设计是一组"基础设施"的生物整合："四元"人工生态系统

生态设计的综合框架

实施生态设计的实践手段是什么？生态中心主义意味着采用生态学作为指导原则，以实现前面提到的多重任务，而生态模拟提供了一个属性模型，从而对人造世界和建成环境进行生态中心重构，但我们需要一个实用的实施生态设计的框架。

在生态设计中，我们需要将自然世界与建成环境相结合，包括从生物地球化学循环到动植物群的所有自然组成部分，以及人类社会的所有建成部分，从水系统的管理到人工制品，再到社会系统。

根据提供的框架，将这些综合成一个设计系统时，这里将其称为"**基础设施**"（infrastructure），并据此把每个设计系统都视为支持系统，这是非常有用的。然后，生态设计就是将这些组成部分平衡、无缝和生态地融合在一起，形成一个基于生态模拟原理的生物整合的混合"人工生态系统"。生态设计将基础设施的四个要素协同生物整合到一个由四部分组成的复合系统中，这里称之为"**四元**"（quatrobrid）人工生态系统，由以下部分组成。

- **自然基础设施**

通常称为"绿色"基础设施，这是所有其他基础设施的环境背景，因为它是地球的生命支持系统，由地球的生态系统和生物地球化学循环组成。[1~7] 无论基础设施是自然发展的，还是设计和植入的，该术语都适用。

- **技术和工程基础设施**

技术和工程基础设施包括人类设计和制造的物理构造。它包括为人类提供服务的所有人工制品、结构和技术。这些设施包括“非封闭”的城市公用设施，以及“封闭”的内部机械、电气、信息技术服务系统。虽然技术和工程基础设施明显包括水文基础设施的技术组成部分，但它们被单独视为一部分。

- **水文基础设施**

“水文基础设施”，是指自然基础设施和我们的技术和工程基础设施中，与水和水管理特别相关的部分。[8, 9, 10] 换句话说，这是人类的水文、水管理和水网系统与水圈的自然循环相协调。与水有关的基础设施之所以经常被分开处理，是因为水对生命至关重要。水文基础设施的自然组成部分包括天然水道、水体和地下水。人造组成部分包括排水网、蓄水设施、防洪设施、水泵、集水坑和污水管网。

- **人类的社会—经济—政治基础设施**

“社会—经济—政治基础设施”或“人本基础设施”是指社会上复杂的社会—经济—政治制度体系和人类社区。人类，虽然是自然的一部分，却经历了基于自然选择的进化，达到了一种文化演进的状态，在这种状态下，社会互动的生态系统以及人类的思想，对地球产生了巨大的影响。因此，必须将社会—经济—政治基础设施本身，视为一种基础设施。

必须指出的是，这些分类并不是相互排斥的，它们在很大程度上是用来促进设计的，使生态设计的事业能够集中在我们的人造世界和自然结构的一组特定的方面，并由一个共同的元素联合起来。

基于基础设施方法的生态设计的基本原理

这些“基础设施”中的每一个，都可以被视为子系统网络中的一个根本支撑或骨干，从中产生了生态模拟设计的整体功能。这些基础设施，总体上涵盖了构成人类社会及其建成环境和自然的所有关键因素。因此，生态设计是将这套基础设施有效地生物整合到一个整体系统中，其中基础设施是实体的组织，无论是在自然界中已经存在的（如自然基础设施或水文基础设施），还是作为人类学基础设施的社会结构，以及技术基础设施。前面介绍了不同类型基础设施的概念。在解释为什么生态设计必须在基础设施层面运作之前，这里有必要更详细地回顾一下。

采用“基础设施”方法的基本原理是，要让生态设计适当有效，需要在系统级的宏观尺度内进行，而不是以逐步或零散的方式进行，例如仅在单个人类构造（如建筑物）或哪怕是多个构造的尺度上进行。

微观尺度下的生态设计，在最佳状态下，只能实现局部和逐步的环境效益。即使我们交付的建筑采用了最先进的节能系统和最生态有效的系统，除非这只是方法和交付方式更大范围变革的一部分，否则很可能在扭转已经严重的生物圈环境破坏状况方面，这些努力仍然是无效的。

此外，如果单独设计的绿色建筑和结构与一个不利于生态的基础设施相连接，就会损害自然，无论它们有多广泛的“可持续性”或生态有效性，整个系统会继续推动存在环境问题的人类活动和城市化的整体不利环境影响。举一个简单的例子，建筑物连接了电网，而电网的电力来自化石燃料的燃烧。在这种情况下，与电网相连的建筑物和构筑物，不能被视为形成了“生态有效”的系统。

在不全面解决我们人造世界的情况下，通过逐步交付单个绿色建筑来实现可持续性，有点像在家里进行循环利用。这种努力可以使个人或当地社区感到他们做了正确的事情，但实际上，如果他们不努力消除废物这一概念，将工作作为整体有效系统的一部分，那么总体上有益的环境影响是微不足道的。

当我们城市群的基础设施是生态有效和绿色的，由它们服务的建筑物和其他组成部分也可以变得生态有效。从基础设施的角度来看待我们人造世界的各个组成部分，也有助于我们确保设计系统及其组成部分，在其组成部分生命周期的每个阶段都得到考虑。特别是，技术和水文基础设施的生态有效性，需要通过分配系统，考虑从每个基础设施的供应来源到其“使用期限结束”的所有环境影响，来进行优化。此外，正如前面所强调的，生态设计的每一个行为，都需要尽可能地解决过去环境破坏的修复问题，我们需要在所有尺度上进行工作，考虑所有的相互依赖性才能有效实现这些目标，也就是说，以整体的基础设施系统进行考虑，而不是局部的单个组成部分。

完全系统地将一组基础设施集成到设计系统中

尽管这些基础设施在某种程度上是相互独立的，但它们显然也是相互依赖的。它们需要被组装、交织、统一、嵌入和生物整合到生态设计系统中，它们之间的相互作用和协同作用，可以设想为在多维的“**基础设施矩阵**”（matrix of infrastructures）中结合和相互作用。

每个基础设施的设计，都必须仿效和复制生态系统的标准属性，以便与更广泛的自然协同作用。如果你愿意的话，整个生物整合的基础设施矩阵，可转变为一个设计的“四元”（这个术语可能比二元“混合体”更好）技术，即自然的人工生态系统。这种整合需要在从宏观到中观、到微观和纳米尺度的所有操作和影响范围内运行。

基础设施矩阵的生物整合和制作，必须在自然生态系统和生物圈生物地球化学循环的恢复力和承载能力的阈值范围内进行，促进自然资源的保护，并且在可行的情况下，为自然的恢复和完整作出积极和有益的贡献。

重新认识生态设计过程

综上所述，为了实现适宜的生态设计，第5~8章中设计框架的全套基础设施，需要集成和生物整合，以构成混合设计系统的关键要素。从本质上讲，我们可以把生态设计的实践过程，看作是自然、水文、技术和人类学基础设施的无缝、友好和协同的生物整合。我们可以说这些不是创造一个“混合”的人工生态系统，而是一个“多元”系统，这里则有四个要素，一个“四元”的人工生态系统。

生物整合和每个基础设施的设计，以及将基础设施组装成一个协同整合的多维互动系统，必须通过**生态模拟**（ecomimicry），全面仿效和复制生态系统的标准属性，从而作为一种新型的生态系统——人工生态系统发挥作用，并与自然和谐相处。由此产生的系统，必须在自然生态系统和生物圈生物地球化学循环的恢复力和承载能力的阈值范围内工作，并在可行的情况下，对自然资源做出积极和有益的贡献。生态设计面临的核心挑战是有效地实现这一整合。

本章注释

[1] Andersson, E., et al. 'Reconnecting Cities to the Biosphere: Stewardship of Green Infrastructure and Urban Ecosystem Services.' *Ambio*, vol. 43, no. 4, 17 Apr. 2014, pp. 445–453. doi:10.1007/s13280-014-0506-y.

[2] Edwards, P. E. T., et al. 'Investing in Nature: Restoring Coastal Habitat Blue Infrastructure and Green Job Creation.' *Marine Policy*, vol. 38, 12 June 2012, pp. 65–71. doi:10.1016/j.marpol.2012.05.020.

[3] Foster, J., et al. *The Value of Green Infrastructure for Urban Climate Adaptation.* Center on Clean Air Policy, 2011.

[4] Hansen, R., and Pauleit, S. 'From Multifunctionality to Multiple Ecosystem Services? A Conceptual Framework for Multifunctionality in Green Infrastructure Planning for Urban Areas.' *Ambio*, vol. 43, no. 4, 17 Apr. 2014, pp. 516–529. doi:10.1007/s13280-014-0510-2.

[5] Kazmierczak, A., and Carter, J. *Adaptation to Climate Change Using Green and Blue Infrastructure: A Database of Case Studies.* University of Manchester, June 2010.

[6] City of New York, Office of the Mayor. *NYC Green Infrastructure Plan: A Sustainable Strategy for Clean Waterways.* New York City Department of Environmental Protection, 2010.

[7] Tzoulas, K., et al. 'Promoting Ecosystem and Human Health in Urban Areas Using Green Infrastructure: A Literature Review.' *Landscape and Urban Planning*, vol. 81, no. 3, 2007, pp. 167–178., doi:10.1016/j.landurbplan.2007.02.001.

[8] .Karamouz, M. *Hydrology and Hydroclimatology: Principles and Applications.* CRC Press, 2013.

[9] Margulis, S. *Introduction to Hydrology*, 4th ed., 2017, https://margulis-group.github.io/teaching/.

[10] Dang, T. D., et al. 'Hydrological Alterations from Water Infrastructure Development in the Mekong Floodplains.' *Hydrological Processes*, vol. 30, no. 21, 29 Apr. 2016, pp. 3824–3838. doi:10.1002/hyp.10,894.

延伸阅读

Construction Industry Research Association. 2015. *The SUDS Manual.* Construction Industry Research Association, London.

TUCK

5

自然基础设施
——地球的“生命支持系统”

自然基础设施

自然基础设施（nature-based infrastructure），从广义上来说，是我们的生命支持系统，本质上也是**生物圈**（biosphere）的同义词—— 一个环绕地球的、从地表向外延伸约 10 000m（6 英里）的薄“外层”。[1] 生物圈从大气圈的底部，延伸到地球的坚硬表面（岩石圈）和水圈（水体、河道和含水层），包含了地球上所有的生命形式。最近，人们发现生命存在于地下深处的地质裂缝中。当前正在研究的一个问题是，全球生物群的这些要素，如何以及在多大程度上影响生物圈的其余部分。然而，要实现重新利用、重新构造、重新设计、重新制造和恢复我们的人造世界，并将其无缝地、协同地生物整合到自然和半自然生态系统中的任务，就必须首先考虑自然基础设施——最重要的设计决定因素，也是必须将其他基础设施统筹其中的核心框架。

地球上的生物，其中大多数最终以太阳的能量为生，并与地球生物化学过程和循环相互作用，形成了一个复杂的多维生物网络和具有大量“涌现”特性的生态过程，这些“涌现”特性比各部分的总和还要多。

正如第 2 章所说，地球生物圈的生态系统，为人类和其他形式的生命提供了资源（产品）和服务，这些资源和服务被统称为**生态系统服务**（ecosystem service）。其中与人类的关系、向人类提供服务的概念，导致了

“基础设施”（infrastructure）这一术语的使用，以用来描述生态系统体系，并从为人类提供服务的角度进行考量和定义，包括自然和人造的。显然，这意味着自然基础设施（无论是自然的，还是设计的），将或多或少具有多功能性，从而为人类和其他物种提供多种用途。

自然基础设施，被一些人认为是“自然的公用设施”（nature's utilities），类似于人类城市工程设施的“服务功能”，然而相比之下，自然基础设施是相当复杂和难以理解的。

自然基础设施和“绿色基础设施”

在进一步探究生态系统服务的类型之前，探讨一下在世界各地的城市规划中经常提到的自然基础设施方法，即**“绿色基础设施”**（green infrastructure，简称GI）[2, 3, 4]，将有所帮助。关于这一术语，已经见于许多学术文章，显然绿色基础设施的概念还在不断演变，其定义通常是为了适应给定的语境，甚至，一方面定义为景观的物理组成部分，另一方面将其定义为城市规划抽象的“概念方法”。然而，这一术语可能最常用于指代由植物群和非人类的动物群主导的绿色空间网络，其为人类提供服务，多位于城市环境中，也同样适用于郊区和乡村环境（本章随后将对此做更多介绍）。在城市地区，绿色基础设施为人类提供的一项关键服务，是人们可以通过城市（或已经退化为城市的乡村）组织强化亲近自然的活动体验。

通常，要在分析和干预的所有尺度上，从宏观到微观，对绿色基础设施加以考虑和分析。这对确保在给定生物区域中，人造的和更自然的系统的适当、有效的生物整合，确实是至关重要的。

自然基础设施和生态系统服务

自然基础设施免费提供“生态系统服务”，在没有人工干预的情况下提供服务，是维持地球上包括人类在内的所有生命形式所必需的。

对生态系统服务进行分类的系统有很多，其中最为普遍接受的框架是2005 年的千年生态系统评估（millennium ecosystem assessment），该框架根据支持、提供、调节和文化服务等功能组，对生态系统进行分类。值得注意的是，该系统本质上是人本位的，事实上，提供给人类的所有服务也是提供给所有其他物种的服务，这些物种同样拥有在地球上生存的可论证的权利。

现在我们将依次简单讨论这些生态系统服务。

支持服务

生态系统的支持功能对所有其他生态系统服务的产生至关重要。与其他生态系统服务的不同之处在于，支持功能的变化及因此对人类的冲击，通常会受到更长时间（或间接）的影响。这些支持生态系统服务包括：

> 初级生产力和氧气生产——通过光合作用（生产重要的副产品氧气）和化学合成等过程生产有机物。[5]
>
> 自然环境中的养分循环（生物体及其相关过程对养分的存储，循环和维持）——在生物体死亡和分解时，养分在其整个生命周期中循环，并将养分释放到邻近的环境中。[6，7，8，9]
>
> 土壤结构和保持。
>
> 栖息地供应，以及生物和遗传多样性的维持。
>
> 授粉。[10]

供给服务

生态系统提供了人类以多种方式使用的材料，包括：

> 粮食和饲料生产（供人食用的粮食和香料作物、动物饲料作物、野生动物可获取的植物）。
>
> 纤维和建筑材料（例如，许多用于服装的天然纤维，以及用

于制造工具和人工制品的木材)。

燃料生产(木材、粪便和其他通过燃烧或发酵产生能量的生物材料)。

天然药物和杀菌剂。

其他生态系统产品(如作物改良基因、指示生物)的遗传多样性,以及长期适应性和恢复力的遗传源材料。

淡水(例如湖泊、河流和溪流中的淡水,冰冻状态下的淡水,土壤水分)——另见调节服务。

储存水,通常来自水道的存蓄,具有重力势,可被利用产生水力发电。

调节服务

这些生态系统过程产生的服务,维持着生物圈内全球循环的功能性平衡。示例包括:

气候和天气调节是全球生态系统的关键服务之一:全球生态系统充当碳"汇",封存温室气体。[11] 其中包括对海洋化学成分的调节。海洋也是全球关键的热汇。在局部地区,生态系统还会极大地影响当地的气候、天气和微气候。

水量调节(包括风暴防护、洪水衰减、地下水补给、水循环和全球淡水分布)。

侵蚀控制。

通过自然过程净化水。

废物分解、解毒和再循环(例如土壤对化学制品的吸收和过滤)。[12]

空气质量调节。

风衰减。

噪声衰减。

病虫害的生物防治（如通过昆虫、鸟类、蝙蝠和其他生物进行防治）。

生态系统扰动的调节——生态稳态。[13]

防止有害的宇宙辐射。

自然基础设施在我们的城市地区提供调节服务，其中至关重要的例子是抑制所谓的“城市热岛”。在许多城市区域，太阳的辐射被暗色主导的表面吸收，然后在晚上重新辐射为热量，使城市温度大大高于乡村腹地。许多大型现代城市群的温度升高，可以高到足以引发中暑而危及生命，特别是在热浪发生时，可能导致数千人过早死亡。高温还加剧了空气污染等其他城市病的影响。抑制城市热岛效应是一个非常活跃的研究领域。生长良好的植被可以发挥极其重要的作用（见第 6 章水文基础设施）。

人本位的有益服务

这些服务对人类有益，但对生态系统可能没有直接的好处，而且大部分是人类从生态系统获得的非物质利益。尽管它们大多是非物质的，但却可能产生巨大的经济影响。这些服务包括：

在生理、心理健康和幸福方面的亲自然反应。

教育过程和方法。

艺术、文化、地方风气的灵感。

社会结构凝聚力和知识系统（自然资源与采伐或狩猎群体之间的关系）。

精神和宗教价值观。

休闲和生态旅游。

从以上的总结可以明显看出，生物圈中正常运作的生态系统提供生态系统服务的能力，是人类必须保护的、最关键的生态系统属性，且人类必须在其限度内运作。大自然提供的生态系统服务是有限的，地球向我们提供不可再生的自然材料和能源的能力也是有限的。

理解和分析生态系统服务供给

对大自然提供生态系统服务（ecosystem services）的能力进行评估是一项复杂的工作。这些评估工作包括：

评估生态系统过程和质量，如竞争、优势、种群平衡、入侵、演替、斑块、扰动、变异性、恢复力、抗性和持久性。

对上述过程和质量，评估尺度的影响，通常使用地理信息系统来分析。[14] 流域分析示例包括整个流域规模的组成部分和流域之间的相互作用，直至排水网络的各个组成部分。

分析生态系统的物质流——即通过生态系统内代谢途径的物质和能量流，以及进行“生态足迹”研究（见本章下文）。

应该指出的是，虽然我们对自然的影响可能是负面的，例如导致关键物种的丧失和关键栖息地的破坏，但也可能是正面的，例如加强（特别是退化的）生态系统的完整性及其提供生态系统服务的能力。

重新审视限制参数

我们需要重新审视全球生态系统的限制参数，从一开始就决定如何设计和运作我们的人造世界。

设计师必须了解每个项目中自然基础设施的组成部分，并运用预防原则，努力维护或增强受影响生态系统的生态完整性。

自然限制参数需要对人类应该生产的设计系统、人工制品和建成结构的类型，以及如何生产、使用和回收进行限制。从首次使用到最终回收到环境中，这些参数应在系统生命周期内影响材料含量、制造和运作模式。

设计自然基础设施以提供最佳生态系统服务

生态系统为人类和其他物种提供生态系统服务的能力需要得以维持，而不是被我们的行动所破坏。这些生态系统服务的协同作用是，如果我们去除其中任何一个，其他的将开始崩溃，并最终消失。它们的保护和恢复，必须成为全球环境中所有人类行为和生态设计的强制性必要业务。

建筑环境提供重要生态系统服务的能力差，并不是因为完全没有生物成分和绿色空间。这种无力通常是由以下几种缺陷共同造成的：

> 生物成分的**面积和规模经常受限**，从而绿色要素被大量有害的无机物包围，通常是混凝土、砖石和钢材构成的相对惰性的建筑结构。
>
> 各组成部分的生物多样性经常贫乏，这反过来削弱了所有生态系统的功能和所需的特性，如恢复力和稳定性。
>
> 整个城市结构中生物元素的破碎化，以及彼此之间的最佳相对接近度和连通性考虑不足。
>
> 绿色元素的三维立体范围有限。
>
> 缺乏与建成系统真正协同的生物整合。

我们现在将审视其中的每一个方面。

规模的必要性

由于我们是一个显著的城市物种，我们的数量和需求的绝对集中，给城市地区内剩余的自然部分[1]造成了巨大压力。在世界各地,每天都有许多这样的部分被改造成新的开发区。这种过度开发导致了在城市地区生存的动物种类的变化。虽然残余的自然栖息地和人工创造的新的半自然栖息地,满足该地区典型的本土物种的许多栖息地要求,但并非所有物种都能定居于此,即便能够定居,也并非所有物种都能生存。例如,许多物种需要更大的面积来远离边缘效应,或需要同时毗邻其他类型的栖息地,以满足其整个生命周期的需求。

换句话说,在设计城市绿色基础设施时,我们需要了解物种差异。例如,城市生态学家经常使用以下物种分类:

> "城市回避者"(urban avoiders)——由于缺乏必要的需求而避免生活在城市自然栖息地中的物种。
>
> "城市利用者"(urban utilisers)——能够在不同程度上利用城市区域内符合其需求的栖息地的物种。
>
> "城市居住者"(urban dwellers)——在城市开发之前可能不存在于该地区的物种,但现在特别有利于或适应许多城市地区提供的栖息地,或可能有利于近距离接触人类的物种,有时被称为"伴人"(synanthropic)物种。

许多物种可能是城市的回避者,或只是偶尔成为城市利用者,原因之一是缺乏合适的栖息地规模。在大多数城市中,任何适宜的栖息地斑块往往会置于有害栖息地的海洋中。如果一个城市的整个生态系统变成了广泛而密集的生物多样性栖息地之一,谁知道会有哪些传统上被认为是城市回避者的物种可能就会定居于此?从本质上讲,当今几乎所有城市地区中现有绿地的大小或面积都不够,设计和构成也不够有效,无法提供适当的半自然生物多样性的、有恢复力的和稳定的物种群,从

① 译者注:原文为:pockets of Nature。

而作为一个完整的生态系统，支持可持续和有意义的生态系统服务的供应。

此外，生态设计的关键挑战之一，是我们的城市地区和建成环境需要提供**重要的**（significant）生态系统服务。这是生态模拟的基本核心。其目的是最大限度地减少并最终消除设计的城市领域对邻近的外部环境所提供生态系统服务的寄生依赖，这些生态系统来自国家更广阔的乡村腹地，或世界其他地方的生态系统。这意味着在自然基础设施的整合和设计中，要致力于实现宏观尺度的干预和愿景。

生态系统生物多样性的必要性

第1章讨论了生物多样性与生态系统功能的关系。城市领域自然基础设施的设计，生物多样性的重要性往往被忽视，其中一个例子就是对病虫害的控制。

基于生态模拟的思考，我们可以通过设计，确保任何创造的景观系统中的生物多样性和复杂的营养级，来实现自然虫害控制策略。在城市地区，给我们带来麻烦或烦恼的物种瘟疫，更多时候是由于生态系统的贫乏和不平衡造成的，而不是因为在城市环境中存在着自然栖息地。

避免和应对生态系统破碎化

从城市野生生物学家的角度来看，自然基础设施是绿色基础设施，它可以被简单地看作是栖息地斑块的生物网络，以及野生动物之间最安全的往来通道。这些通道常被称为“生态通道”（eco-passageways）、“栖息地走廊”（habitat corridors）或“**野生动物走廊**”（wildlife corridors）。为了适应不断变化的环境条件（特别是气候变化）和自然灾害，物种通过迁徙、基因流和种群适应等方式在景观中移动，以便从周围地区补充局部灭绝（或接近灭绝）的种群。

野生动物走廊通常被认为有助于动植物在支离破碎的景观中移动，其中即便是较宽的走廊也不利于它们的生存（例如，因为它提供很少的覆盖物或食物）。在许多情况下，物种最终会分散在栖息地斑块之间，而斑块之间没有栖息地走廊，要穿越各种各样的危险区域。许多物种会通过飞行分散在不同的地区。然而，对于陆地和飞行的物种来说，如果存在栖息地走廊以提供区域间的安全通道，死亡率就会降低。

一个很好的例子是，一条繁忙的道路将新加坡的两个主要雨林残余斑块一分为二，而一只濒临灭绝的穿山甲要穿过这条道路。尽管穿越具有危险性，动物们依然会穿越，许多动物将在尝试中死去。在两个雨林残余斑块之间建造一座植被桥，减少了这种标志性物种不必要的过早死亡，而且已经证明穿山甲正在利用新的人造栖息地作为安全通道。

技术与自然融合形成的其他类型的联系包括生态地下通道，通过这些通道，陆地动物（通常是夜间活动的）可以更轻松、更安全地穿过城市结构。

还需要更多的研究来证明这些走廊对许多物种保护状况的重要性和效用。

对于某些扩散能力特别差的特殊物种而言，只有在斑块之间存在高质量的栖息地联系的情况下，才可能从栖息地的核心斑块扩散出去（随后经过多年都非常缓慢）。

即使很难证明有效扩散对连接或走廊的依赖性，这些连接也常常被证明至少起到补充栖息地的作用，以支持个体汇集到种群中，而主要栖息地区域可能是较大的斑块。这样的连接区域可以充当保护区，缓冲较大的栖息地，以抵御环境变化。

显然，这种连接在城市领域还具有许多其他功能，包括：

部分水文基础设施（见第 6 章）和社会—政治基础设施的有形部分，人们不仅在各地使用这些基础设施，而且还利用它们提供与亲生物反应相关的心理健康的额外益处。

城市露天食物生产系统（除了水培农场等封闭系统之外）中的关键组成部分。

因此，要解决城市领域生态设计中的破碎化问题，意味着在生物元素的排列上非常仔细地考虑二维连通性（和三维连通性）。这意味着要考虑绿色网络设计，并以尽可能多的方式优化生态系统服务。我们需要仔细考虑，在任何特定的生态环境下，将这一网络延伸到更广阔的农村是否合适。总的来说，这是一个好主意，但任何时候都应考虑对某一特定城市地区的危害程度，需要考虑到在任何时候与某一特定城市区域有关的危害程度，以及时机是否成熟——能否鼓励城市适应程度较低的动物进入其死亡风险可能增加的区域。同样，需要仔细评估引进或外来物种进入敏感的农村栖息地的可能性，这些物种通常在今天的城市地区很常见。情形会发生改变，应不断审查这方面的机会和选择。

利用所有城市立面的必要性

多个世纪以来，人类已经发现了躲避掠食者和敌人的高海拔庇护所，这也为监视提供良好的机会。这些通常是悬崖和山脉，经常有我们祖先庇护的洞穴系统。我们大多数的食用植物起源于山坡上的碎石坡。这些观察是所谓的城市悬崖假说（Urban Cliff Hypothesis）的基础。因此，在我们的城市里，我们能建的地方越建越高，这也许并不奇怪。在提供栖息地和生态系统服务方面，忽视城市结构所创造的垂直领域似乎比疏忽更糟糕。立面、屋顶和露台都为有效的生物整合提供新的机会。

增加建成环境提供生态系统服务的能力

生态设计最重要的方面之一就是我们如何模仿和复制自然界提供的生态系统服务。尽管这里将其称为生态系统的最重要属性之一，但有必要指出的是，迄今为止，人类社会并没有要求人类的社会系统、建筑环境和技术提供生态系统服务。这可能是因为生态系统服务的供应对人类来说并不迫切，也不直观。然而，当这种需要变得显而易见的时候，自然界提供生态系统服务的能力可能已经大量丧失，而这本可以更早地避免。

人类需要谦卑地承认，自然界提供的生态系统服务规模如此之大，涵盖了生物圈的所有自然系统，其生产过程如此复杂，任何人类技术系统都不可能完全仿效和复制。增强现有建成环境提供生态系统服务的能力的解决方案是，通过绿色基础设施在空间上增强建成环境和城市群，通过增加生物成分和栖息地，在空间和系统上交织到现有环境（大部分是惰性的）中，包括现有布局和新的城市群。

在将生态拟仿应用到这项工作中时，我们需要通过建造和重造现有特征，来改变我们的建成环境，使其具有与生态系统同等的生物结构。这里生态系统的“生物结构”，是指在一个生态系统中，生物成分和非生物成分结合在一起，形成一个完整的系统。要使人类的建成环境能够提供生态系统服务，最可持续、最有益、最多功能的解决方案就是寻求自然界的帮助。

由于这项工作的规模和复杂性，办法不能仅靠技术来取代生态系统提供的服务。相比于与自然竞争以提供生态系统服务，我们更需要引导自然来帮助城市提供生态系统服务。解决方案是增强建成环境和技术，以改善自然界对我们的给予。这可以称为建成环境的“**生态增强**”（ecological augmentation 或 ecoaugmentation）。

生态增强是指将自然植入建成环境中，使自然与我们的机器和建成环境融为一体，并和谐共存，从而融合在理想的生物整合状态中无限期地发挥作用。这种方法涉及与自然的合作，用自然资源来扩大我们的建成领域和人工制品，以创造混合多功能的生物技术构建系统，这些系统具有补充的生物和非生物成分，如前所述，将协同作用而成为一个完整的系统。因此，生态增强的目标是创造**复合生命系统**（composite living systems），即自然和技术的无缝结合，无论是在地平面上，还是在垂直方向上，都与建成结构（新的或现有的）相结合。由此产生的系统寻求既具有生物多样性（就适合当地的物种和过程而言），又能够提供有意义的生态系统服务。为了实现这一点，需要格外谨慎地评估物质配置、元素和网络设计之间的并置以及增强系统的模式。

这种生物成分的生物整合，必须超越仅仅是土壤和植被进入城市环境或建成系统的物理安装。生物成分需要在物质上和功能上都**整合**（integrated），这样结合才能整体发挥功能，并由于整合到新的“人工生态系统”中而显示出新的涌现特性（new emergent properties）。这种整合需要最大限度地利用我们城市领域的三维地形，为这种整合的表达和最大化创造新的机会。

自然基础设施与城市领域的重新设计相结合，需要有利于适应当地气候和生态系统的物种，以便在由此产生的系统中提供支撑和稳定的生物多样性。这意味着为目标物种创造**重要的栖息地**（meaningful habitats），这需要非常仔细地考虑，并将专业知识应用于范围广泛的物种、品种、过程和相互作用中。生态设计师需要了解生态系统中的复杂过程和功能（如第2章所总结）。

以这种方式考虑自然基础设施，意味着考虑到物种的所有生命周期要求，包括食物、住所和有利于繁殖的场所，这可能需要将几个不同的栖息地有效地联系起来。但是，系统生物整合的附加元素意味着，将这些栖息地需求与城市组成部分（大部分是无机的、工程化的）在物理和系统上进行融合，作为一个联合的技术—自然系统。

尽管如前所述，地理和物理规模对自然基础设施的供应非常重要，但仅增加我们城市区域内的绿地面积，例如扩大现有的公园、绿地广场和花园，是不够的。许多曾经生活在该地区的重要物种将继续避开城市环境。

对于生态设计而言，促进动物物种的生存是特别重要和有价值的挑战，而这些物种通常避开城市地区，但在生物地理上适合当地。要做到这一点，我们必须真正了解栖息地的需求，并采用全新的设计方法。

这方面的一个例子是，在设计中使用超常刺激（extra-normal stimuli）的潜在可能，在城市地区，通常在自然或半自然生态系统中将起引诱作用的特征夸大，以至于物种实际上更喜欢使用人工栖息地。其他生态增强的例子包括为野生动物建立人工庇护所。许多这样的庇护所的拙劣设计使物种避之不及，但也有物种非常青睐，为当地物种种群的保护作出了重要贡献。

基础设施设计的优化

在设计的城市生态系统中，最大限度地为本地动植物的目标物种提供生态系统服务这一综合目标面临着许多挑战。其中之一是，在某种程度上，一个生态系统服务的最大化可能以牺牲另一个生态系统服务为代价。例如，水文管理的最佳设计可能不是城市降温的最佳设计。自然基础设施与其他基础设施结合设计的下一个前沿是设计优化。为此，需要开发多变量的计算机模型，以同时评估设计修改对提供最广泛的生态系统服务和最大的目标生物多样性的影响。世界各地的机构已开始从事这项挑战的工作，并且正处于生态设计发展中激动人心的阶段。

自然基础设施在生态设计中的作用

总而言之，自然基础设施是地球的生命支持系统。它为我们和所有其他物种提供必要的生态系统服务。在从宏观到微观的所有地理尺度上，它都在恢复力的阈值范围内发挥作用。

在规划和设计新的城市发展项目时，应首先考虑保留、设计和增强自然基础设施，作为城市结构的决定因素，而不是其他建设的附属。在没有出现这种情况的地方，绿色和蓝色基础设施的改造也是可能的。这需要将现有硬质的工程空间和表面转化为生物栖息地，但这应该通过物理和系统的真正生物整合来实现。

在现有城市和新建环境中，引入或融入绿色生态基础设施之前，研究从场地到生物区的生态基准条件至关重要。现有价值的关键特征需要得到保护，重要现有栖息地的生态完整性需要得到支持。我们需要透过我们的城市景观设计，为本地动植物保留或创造重要和可行的栖息地，这不仅是为了自然界本身，也是为了巩固生态系统服务的供应。设计需要以保护或恢复生态服务的方式来开发场地，而这些生态服务将土地与其生态历史联系起来。

因此，当我们将自然基础设施与我们的技术、水文和社会—政治基础设施在空间、时间和系统上进行生物整合时，生态设计才真正成形。从得到的“基础设施矩阵”中，我们可以对一个四元人工生态系统及其所有相互作用的功能，进行检查和质询，甚至建模。因此，自然基础设施真正包括“生态系统增强的建成系统”，能够在建成环境的核心以最佳方式和规模提供生态系统服务。

本章注释

[1] National Geographic. 'Biosphere.' *National Geographic Resource Library*,9 Oct. 2012, www.nationalgeographic.org/encyclopedia/biosphere/.

[2] Liss, K. N., et al. 'Variability in Ecosystem Service Measurement: A Pollination Service Case Study.' *Frontiers in Ecology and the Environment*, vol. 11, no. 8, 26 June 2013, pp. 414–422. doi:10.1890/120189.

[3] Andersson, E., et al. 'Reconnecting Cities to the Biosphere: Stewardship of Green Infrastructure and Urban Ecosystem Services.' *Ambio*, vol. 43, no. 4, 17 Apr. 2014, pp. 445–453. doi:10.1007/s13280-014-0506-y.

[4] Hansen, R., and Pauleit, S. 'From Multifunctionality to Multiple Ecosystem Services? A Conceptual Framework for Multifunctionality in Green Infrastructure Planning for Urban Areas.' *Ambio*, vol. 43, no. 4, 17 Apr. 2014, pp. 516–529. doi:10.1007/s13280-014-0510-2.

[5] Tzoulas, K., et al. 'Promoting Ecosystem and Human Health in Urban Areas Using Green Infrastructure: A Literature Review.' *Landscape and Urban Planning*, vol. 81, no. 3, 2007, pp. 167–178. doi:10.1016/j.landurbplan.2007.02.001.

[6] Wirsen, C. O., et al. 'Chemosynthetic Microbial Activity at Mid-Atlantic Ridge Hydrothermal Vent Sites.' *Journal of Geophysical Research*, vol. 98, no. B6, 10 June 1993, p. 9693. doi:10.1029/92jb01556.

[7] Berner, R. A. *The Phanerozoic Carbon Cycle: CO_2 & O_2*. Oxford University Press, 2004.

[8] 'Biogeochemical Cycles.' Environmental Literacy Council, 2018, https://enviroliteracy.org/air-climate-weather/biogeochemical-cycles/.

[9] Cain, M. L., et al. *Ecology*. Sinauer Associates, Inc. Publishers, 2014 (Ch. 22).
[10] Environmental Literacy Council. 'Sources & Sinks.' 2018, https://enviroliteracy.org/air-climate-weather/climate/sources-sinks/.
[11] Lal, R. 'Carbon Sequestration.' *Philosophical Transactions of the Royal Society B: Biological Sciences*, vol. 363, no. 1492, 30 Aug. 2007, pp. 815–830. doi:10.1098/rstb.2007.2185.
[12] Fierer, N. 'Embracing the Unknown: Disentangling the Complexities of the Soil Microbiome.' *Nature Reviews Microbiology*, vol. 15, no. 10, 21 Aug. 2017, pp. 579–590. doi:10.1038/nrmicro.2017.87.
[13] Ernest, S. K., and Brown, J. H. 'Homeostasis and Compensation: The Role of Species and Resources in Ecosystem Stability.' Utah State University, https://digitalcommons.usu.edu/cgi/viewcontent.cgi?article=1344&context=biology_facpub.
[14] Johnson, L. E. 'GIS and Remote Sensing Applications in Modern Water Resources Engineering.' *Modern Water Resources Engineering*. Humana Press, 2014, pp. 373–410.

延伸阅读

Barker, G. 1997. *A Framework for the Future: Green Networks with Multiple Uses in and around Towns and Cities*. English Nature, Peterborough, UK. (Still often used as a standard reference in green space planning in the UK.)

Barton, H. 2017. *City of Wellbeing: A Radical Guide to Planning*. Routledge, London. (Recent review of the health benefits of green sustainable urbanism and how to achieve it.)

Collinge, S. K. 1996, Ecological Consequences of Habitat Fragmentation: Implications for Landscape Architecture and Planning. *Landscape and Urban Planning*, 36(1): 59–77. doi:10.1016/s0169-2046(96)00341-6.

Douglas, I., Goode, D., Houck, M. C. & Wang, R. 2011. *The Routledge Handbook of Urban Ecology*. Routledge, Abingdon, UK.

Dover, J. W. 2015. *Green Infrastructure: Incorporating Plants and Enhancing Biodiversity in Buildings and Urban Environments*. Earthscan, London.

Dunnet, N. & Kingsbury, N. 2008. *Planting Green Roofs and Living Walls*. Revised updated edition. Timber Press, Portland, OR. (Excellent practical guide.)

Earth Pledge. 2005. *Green Roofs: Ecological Design and Construction*. Schiffer Publishing, Atglen, PA.

EcoSchemes Ltd & Studio Engleback. 2003. *Green Roofs: Their Existing Status and Potential for Conserving Biodiversity in Urban Areas*. English Nature Research Report 498. English Nature, Peterborough, UK.

Larson, D., Matthes, U., Kelly, P. E., Lundholm, J. & Gerrath, J. 2004. *The Urban Cliff Revolution: Origins and Evolution of Human Habitats*. Fitzhenry & Whiteside, Markham, Canada.

Newton, J., Gedge, D., Early, P. & Wilson, S. 2007. *Building Greener: Guidance on the Use of Green Roofs, Green Walls and Complementary Features on Buildings*. Construction Industry Research Association, London. (Very useful practical guide to temperate systems.)

Oke, T. R. 1982. The Energetic Basis of the Urban Heat Island. *Quarterly Journal of the Royal Meteorological Society*, 108: 1–24.

O'Riordan, T. & Cameron, J., eds. 1994. *Interpreting the Precautionary Principle*. Earthscan, London.

Peterson, G. D., Allen, C. R. & Holling, C. S. 1998. *Ecological Resilience, Biodiversity, and Scale*. Nebraska Cooperative Fish & Wildlife Research Unit, Lincoln, NE. Available at http://digitalcommons.unl.edu/ncfwrustaff/4.

Stockholm Resilience Centre. 2015. The Nine Planetary Boundaries: What Is Resilience? Available at www.stockholmresilience.org/research/planetary-boundaries/planetary-boundaries/about-the-research/the-nine-planetary-boundaries.html.

Town and Country Planning Association. 2005. *Biodiversity by Design: A Guide for Sustainable Communities*. Town and Country Planning Association, London.

Town and Country Planning Association and the Wildlife Trusts. 2012. *Planning for a Healthy Environment: Good Practice Guidance for Green Infrastructure and Biodiversity*. Town and Country Planning Association, London.

Viljoen, A. 2005. *Continuous Productive Urban Landscapes: Designing Urban Agriculture for Sustainable Cities*. Elsevier, Oxford, UK.

Food
Food
O_2
CO_2
Nutrient
TUCK

6

水文基础设施

作为基础设施的自然水文学

水文基础设施本质上是自然基础设施和技术基础设施中所有与水有关的组成部分。在第 2 章中对基础设施的定义中，强调了这些分类不是相互排斥的，主要用于促进生态设计，并使人们能够集中精力于我们人造世界结构的一组特定方面，这些结构由一个共同的元素结合在一起。就水文基础设施（或“蓝色”基础设施）而言，这个元素就是水。[1]

当然，水是自然基础设施的基础，但它本身就是一个“基础设施”，因为水比其他任何资源对地球上所有生命形式的生存都重要。作为生物，我们主要是由水组成的，因此需要每天喝水来维持生命。目前，我们几乎完全依赖水来处理和运输污水，我们在水里洗澡，用它来净化，我们所依赖的所有其他生命形式也依赖水。在航空旅行便利的时代，有时人们很容易忘记水对交通运输的重要性。世界上如此多的重要城市地区与海岸、水道、水体毗邻，以协助人员和货物的运输，这一点仍然至关重要。我们许多人在日常生活中可能也不会想到工业和制造业使用了多少水。我们在心理上深深地被水所吸引，水上娱乐给我们带来了巨大的经济效益。

水也被单独考虑，因为目前，大规模人工生产饮用水不可能不产生大量的能源成本和环境损害。

因此，如前所述，这里使用的术语“水文（或蓝色）基础设施”是指自然基础设施的一部分——栖息地网络，同样是自然和人造的，以及以水生生态系统和全球水文循环（该术语通常仅限于淡水生态系统）为基础的相关生物地球化学循环，以及人类已建成的水文系统，其中包括供水、排水、污水管网和处理系统。[2，3，4]

地球上的水

地球上约97.5%的水资源是存在于海洋、海湾、盐湖和盐碱地下水中的咸水。我们只有在动用大量的能源和基础设施去除盐分之后才能使用盐水。当对海水进行淡化处理时，废水中的高浓度盐水经常被排入沿海地区，常常对海洋生物造成非常严重的负面影响。[5]

在地球上2.5%的淡水资源中，将近70%的水存在于冰盖、冰川、永久性积雪、地面冰和永久冻土之中。我们可以也确实正在使用一部分这种水资源，但是同样存在潜在的重大负面影响。冰的融化正在造成灾难性的海平面上升，影响沿海社区和生态系统。另一个问题是冻土的融化导致甲烷的释放，这是一种比二氧化碳作用更明显的温室气体，加速了气候变化。[6]

还有剩余30%中没有像冰一样被固定住的淡水。其中大约98.9%则是地下淡水，或存在于土壤中。对淡水含水层的过度抽取会对环境产生许多不利影响。抽取过程会形成一个空洞，引起海水侵入，从而使得含水层被非饮用水污染。抽取地下水还会严重影响地表湿地生态系统。

在最后只有不到1%的淡水中，有90%位于地球的河流、湖泊和沼泽地，其余10%位于大气中。我们可以利用所有这部分水资源，但这又会对重要淡水生态系统造成影响，而其提供了其他我们赖以生存的产品和服务。从大气中获取水资源是可行的，但是在大多数情况下效率很低。

生物体内的水仅占全球淡水的0.01%左右。

总的来说，目前可供人类使用的水估计不足全球水资源的0.001%。因此，这确实像诗人塞缪尔·泰勒·科尔里奇（Samuel Taylor Coleridge）在《远古水手颂》中所说："水，到处都是水，但一滴都不能喝。"

在许多国家，出于上述所有原因，可供利用的安全淡水资源极为匮乏。由于淡水资源的开发往往跨越国界，这使得水资源管理非常困难。世界部分地区已经发生了争夺剩余淡水资源的战争。通常，我们很难获得淡水的准确信息，包括淡水在地下的位置，有多少淡水，以及淡水的抽取可能会造成什么影响。当水资源在国际上被视为商品时，水会产生传统经济学术语中的估值问题。[7]

解决地球水资源和水文基础设施问题的重要性是显而易见的，通过这些基础设施可以对水资源进行可持续管理。建成环境的水文和自然环境的水文通过水循环（water cycle，见术语汇编）完全交织在一起。把它们综合起来考虑是非常重要的，这样我们就可以在已建和未建（自然或半自然环境）的交界处"关闭局部水循环"。这意味着确保宝贵的淡水在友好的局部系统中保持健康和可持续的循环利用，而不是不断地被滥用并作为废物排放到场地之外。

水资源管理

在不久以前，水资源管理仅涉及确保满足人类需求的饮用水和其他水资源的持续供应。在发生水环境污染的地方，人们的关注实际上仅限于保障供应而不是生态系统损害。在最近的几十年中，已经出现了完整的水资源综合管理的概念，其中衡量我们如何可持续地利用宝贵和有限的淡水资源的关键指标，是水生生态系统的保护情况和健康状况。

然而，令人遗憾的是，在全世界大多数人类建成环境中，对水的管理仅限于建立巨大的蓄水库，从水体中抽取水，抽取地下水造成的地表湿地减损，以及持续不断且往往具有令人难以置信的破坏性污染。

而我们还在挥霍无度地消耗水资源。在美国，一个家庭每天可能要使用近2000L水，仅厕所冲水就占其中的近30%。

在一个生态模拟和生态中心的世界中，水资源管理需要确保我们的自然湿地、海洋和其他水源的健康，以便它们能够继续展现出完整的生态系统功能并提供完整的生态系统服务。今后的用水需求要考虑到全部自然界，而不仅仅是人类。

因此，生态设计作为生态拟仿，在仿效生态系统的水文学时，需要表现出更高的水利用效率，并实现正向的水平衡，从环境中获取的水需要以与提取时一样纯净的形式，甚至比提取时更纯净的形式返回到环境中。

关键目标：尽量减少饮用水的使用

饮用水的使用尤其令人关注，因为高碳足迹伴随着饮用水的生产（例如来源于废水的饮用水）及从源头到使用的运输过程。传统的以技术为中心的解决方案仅专注于开发新水源的工程方法，例如超大型水坝（使得我们最重要的河流提供的许多生态系统服务消失殆尽）、大型渡槽以及距离相当长的输水管道。而我们实现目标的关键方法包括：

家庭中的节水机制，例如智能流量表、曝气水龙头和减少冲水马桶。

免耕农业和永久性农业，以维持良好的土壤保水结构，减少水资源需求。

农业智能灌溉系统，包括通过网络控制的地面灌溉系统。地下灌溉系统更为理想，定时准确地在需要的时间和地点供水，并将浪费降到最低。

在不绝对需要饮用水的情况下（例如马桶冲水或花园灌溉）使用替代水源。

关键的生态设计目标：合理运转的水循环和供水系统

水的流动

水以神秘的方式流动，转化为水蒸气，并转化为水，凝结成冰，流经我们的河道，在云层中飞行。它还通过植物从根到枝干，再到叶子和茎，在蒸腾作用过程中作为光合作用的副产品被排出体外。

空气中的水蒸气凝结成水滴，通常在尘埃颗粒周围，然后，无论距离云层形成地近或远，最终都会凝结成雨、雨夹雪、冰雹或雪。一些从土壤表面（下渗）消失，通过土壤剖面或渗透性岩石中的孔隙和裂缝（渗流），最终流入地下水。其余的要么蒸发，要么通过河道到达我们的湖泊、海岸和海洋。

所有这些不同形式的水都在不断地流动，周而复始。人类活动可以从根本上改变这种水的运动模式和关键实体“容器”（例如河流和湖泊）的状况。

城市流量水位线峰值

在我们的城市地区，水基础设施的传统设计导致越来越多的不透水表面，包括道路、停车场、人行道和屋顶。这些可以阻止水的下渗和雨水的渗流。雨水反而从这些（不透水）表面流走。如果排水网络不能容纳这些径流，可能就会导致城市地区的局部洪涝，而这往往发生在河流决堤的洪水风险也很高的时候。

当污水系统被用作雨水合流式污水溢流系统时，一个特别的问题就出现了。通常情况下，这可能不是问题（尽管这是一种资源的巨大浪费和退化），但在暴雨和风暴的情况下，整个系统将会溢流，雨水和未经处理的人类污水会流入周围的水道。这将未经处理的污水，尽管有些稀释，直接排放到我们一些最敏感的生态系统中，这也引起了公众对娱乐用水的健康担忧。[8]

污染负荷不仅是一个问题（见下文），而且进入水道和水体的水量和流速会进一步破坏和侵蚀水中和水边的栖息地，从而造成巨大的生态系统冲击。

由于未来的降雨强度和风暴频率预计会大幅增加，城市径流的“流量水位线峰值”（peaked hydrograph，见术语汇编）造成的问题将进一步恶化。

土壤水

雨水的分流也意味着下渗和渗流到土壤中的雨水更少。这反过来又意味着地下水的补给减少，而在世界上大多数城市地区，地下水已经被大量抽取。其中一个结果是城市树木和其他植物的根部失水，对植物健康产生不利影响。

在我们城市区域的生态设计中，我们需要确保有足够的土壤水分，使植物健康生长。城市环境中对植物造成高度压迫的其他因素包括城市热岛效应造成的相对高温（见第5章）。如果植物有足够的水分来维持膨压（植物所有部分的细胞压力），它们不仅可以用健康的叶冠遮荫，还可以通过更有效的蒸腾来更好地冷却城市环境。[9]

树木可以长得足够高，使城市空气流动变得“粗糙”，允许空气团的混合和对流，以便热空气可以逃离城市环境。

人们认为大多数树木需要良好的土壤来生长是一种常见的误解。营养当然有帮助，但像桦树和花楸树这样的树木甚至可以在冰碛的骨质土壤中定居。它们最需要的是良好的供水和合理的温度。

地下水资源和补给

在地下水和土壤水分直接相关的地方，保持地下水有助于保持土壤水分以促进植被的生长，并为我们的城市区域带来所有相关的好处（见第5章）。其他好处还包括对可能由地下水补给的较远生态系统的潜在影响。

如前所述，地球上大多数城市地区的情况是大量抽取地下水供人类直接和间接使用，很少有地下水返回同一含水层。在某些情况下，抽取的含水层非常深，有时深入地面以下几百米处。这些水资源中有一些是上千年前的古代雨水，有些再也不能通过自然补给。其他一些虽然可以得到补给，但补给处理地通常距离其使用地很远，可能会对补给地自身造成损害。显然，在任何实际意义上，这些资源都是有限的，需要加以保护，并在可能的情况下，像在任何自然生态系统中那样进行恢复（见本章下文）。

可以通过技术解决方案来代替自然补给。这些通常称为“人工回灌地下水含水层”。然而，这种技术的使用是一个很好的例子，为我们本来就不应该引起的问题提供了人为解决方案。此外，自然渗流到地下水的过程一般比通过钻孔和泵直接注入地下水的环境风险小得多。

关键目标：消除地下水和水生生态系统的污染

显然，可随时利用的宝贵淡水的稀缺性，意味着应避免任何使其不易利用的额外因素。

正如第5章所强调的，我们传统上使用河流、湖泊和海洋作为废物处理系统。营养物质的富集对我们的淡水和海洋生态系统造成了毁灭性的影响（过量的磷和氮是罪魁祸首）。营养素的过量输入主要来自含有过量使用高营养肥料的农业径流，以及来自处理不当的废水系统的径流，其中含有被冲入下水道的个人和家庭护理产品的痕迹。过量营养物的存在导致藻类加速生长，通常被称为“有害藻华”，其会消耗水中的溶解氧，造成缺氧条件并阻挡阳光。如果没有氧气或光线，剩下的大部分水生生物将遭受痛苦或死亡。这种情况也有利于许多病原体和病媒的生存，包括蚊子。这个过程被称为人为富营养化（cultural eutrophication）。[10]

我们的废物被丢弃到地表水和土地上，广泛污染了地下水。考虑到婴儿的主要水源是抽取的地下水，农业径流导致的地下水中硝酸盐含量升高与人类婴儿的大脑损伤有关。

许多形式的水污染都有技术解决方案，而更多的技术解决方案正作为全球研究工作的一部分被研发。但生态设计师需要问的一个简单问题是：为什么要制造一个需要昂贵解决方案的问题，或者会为未来积累其他困难？

废物处理系统可以非常复杂。为了解决人类废物的技术处理问题，全球出现了一个规模巨大的工业，包括工业和农业废水，以及城市灰水（greywater，见术语汇编）和黑水（blackwater，见术语汇编）。除此之外，没有更好的方法吗？

集水区或流域管理的生态模拟方法

在过去的人类时代，应对河流、洪涝和沿海（盐渍）洪水综合风险的方法是建造更高的防洪堤，渠化河道以尽可能快地把水“排走”，并尽可能总体上保持土地干燥。然而，近几十年来，人们逐渐认识到（尽管尚未得到社会所有阶层的普遍接受）需要在集水区或**流域**（watershed，见术语汇编）采取整体的生态方法。最近，恶劣天气事件和骤发洪水的频率明显增加，增强了人们的这种认识，而那些负责确保公共安全免受洪灾的人，并没有充分预测事件的发生。

在许多情况下，问题产生于某一特定流域内不利的土地利用变化，特别是在地形海拔最高的地区。例如为了饲养食草动物（这也会压实土壤表面），树木覆盖被移除，则水的径流量更大，流速更快（见本章下文），这可能导致低处发生洪水，尤其是在历史上已经建立了许多人类聚落的河谷区域。

流域管理是一个庞大的课题，相关文献和研究方兴未艾。但总的来说，整个世界范围内，事实仍然是我们在一个地方努力解决问题，又在另一个地方制造的问题，而没有采取一种整体的、生态模拟的方法。

可持续排水系统的生态模拟方法

应用于径流管理问题的生态模拟设计的目标是使当地水文过程尽可能恢复到自然或半自然条件（通常称为“绿色开发区”条件）。

针对我们城市和郊区的这些问题，近期设计出在不同程度上模拟自然生态系统的水管理系统。这些系统的名称是可持续排水系统（sustainable drainage systems，简称 SUDS）。可持续排水系统通常致力于减缓径流速度，削减城市流量水位线的峰值，并通过生物过程过滤和处理径流。

径流中的污染物各不相同，但可能包括金属、油类、土壤颗粒、过多的养分和微生物，包括病毒。雨水甚至在降落到地面之前就可能包含许多这样的污染物，因为雨水会吸收大气中的污染物。

许多可持续排水系统是一些物理开挖或支撑结构与耐水植被相结合的生态模拟系统。可持续的排水系统有各种各样的机制，既净化通过它们的水，又使之衰减。通常，这就是植物生长的基质，同时进行了大部分的水处理。基质中的细菌和其他生物利用或分解水中的营养物质、金属和其他化学污染物。基质保持功能性、多孔性，并且经常被生长在其中的植物氧化。植物本身也能不同程度地生物积累污染物。

当水通过相互连接的可持续排水系统的“处理链”时，污染物将被处理和过滤掉。去除效率各不相同，但对悬浮固体和重金属等污染物的去除效率非常高，对氮和磷等植物营养素的去除效率也很高，这取决于可持续排水系统的设计和总体的“滞留时间”——即水在整个可持续排水系统中停留的时间。

可持续排水系统中的植物可根据生物累积能力进行特别选择。然而研究表明，在一个很长的处理链上，一个良好的原生湿地植物品种可以产生良好的径流处理水平。这样做的好处是最适合当地的生物多样性，而且通常视觉舒适。一般不建议在可持续排水系统中使用非原生湿地植物，因为植物在湿地之间和河道沿线的传播速度特别快，如果任何外来植物入侵，都可能对原生湿地生态系统及其动植物群造成毁灭性影响。

虽然“人工湿地”可能没有自然湿地的生物多样性价值，主要是因为它们必须承受径流的持续环境冲击，但如果精心设计，它们可以成为设计的城市系统的重要组成部分，甚至是非常高质量的自然保护地。

可持续排水系统的案例

作为可持续排水系统“宝库”的一部分，技术与自然相结合的系统清单近年来稳步增加，相关术语也在不断增加。几个例子足以说明这一点。

现有绿地

很明显，现有绿地是可持续排水系统的一部分。然而，现有城市绿地作为可持续排水系统的功能，也可以通过将雨水引入绿地来增加，这可能会导致洪水泛滥，但如此瞬时而过的情形不必担心设施的损失。

人工湿地

人工湿地的种类多得让人眼花缭乱。它们的范围从通过创建碗状洼地收集水而改造的现有绿色空间，到带有人工基质和控水管道的高度人工化系统。这些湿地包括所谓的“植草的法国排水渠”（vegetated French drains）、“生物湿地”（bioswales）、“减力池”（attenuation basins）和“滞留池”（detention basins），以及完全成熟的大型处理湿地。安装在给定位置的生物可持续排水系统的类型取决于多种因素，包括在所谓的“处理链”中的位置和可用空间。

其目的是从雨水降落到城市结构顶端的那一刻起，就开始对其进行衰减和处理。此后在任何给定位置，衰减或处理可能是要实现的最重要的功能。这些人工栖息地也可以是多功能的，在暴风雨、野生动植物栖息地和城市结构局部降温而充满水的情况下，可以提供引人入胜的视觉享受，有时还可以提供身体上的便利。

绿色屋顶和外墙

几十年来，绿色屋顶和外墙一直在普及，但直到最近在某些地区，才被接受为可持续排水系统的完整功能组件。绿墙的历史更为悠久，但现在正认真探索其作为重要的可持续排水系统的潜力，特别是在地面空间收到较大限制的地方。伦敦维多利亚附近的鲁本斯酒店（Rubens hotel）就是一个很好的例子，它可以衰减和过滤大量的屋顶径流，同时生长出许多本地的和归化的植物，为传粉（昆虫）提供巨大机会。

硬质可持续排水系统

这些类型的可持续排水系统基本上是在间隙空间和硬结构单元（例如多孔路面和道路，或超级单元）中存储的结构，没有任何表面植被形成系统的一部分。这看起来不是很仿生，但通过微生物膜和储存纤维或细胞的作用，对水进行生物处理。

雨水收集的生态模拟方法

一旦将水排入河流、湖泊或海洋，回收和加工成饮用水的成本将非常高昂。但是，确保足够的水流到天然水体和水道，甚至进入海洋，对于维持这些系统的生态完整性至关重要，因此将这些排入河海中的水视为“浪费”是不正确的。

只要满足维持水生生态系统完整性的要求，城市集水区就有长期蓄水的空间。这就是所谓的“雨水收集”。的确，经过认真地执行，这不仅可以平衡暴风雨和干旱时期，而且可以在某些异地生态系统中保持平衡。

当可持续排水系统和雨水收集系统结合在一起时，通常由自动监控系统控制，这种方法被称为“水敏感设计”。

将可持续排水系统升级为“海绵城市主义”的生态模拟方法

近年来，中国出现了一个新术语，指城市地区大规模采用可持续排水系统和水敏感设计。这就是“海绵城市主义”或“海绵城市”的概念。刚刚描述的可持续排水系统的所有功能，都被大规模和系统化地编写，在整个城市中创造精心设计的集成网络。

通过按城镇或城市规模设计可持续排水系统的方法，更容易确保提供重要的多功能性，并考虑如何在大面积范围内优化各种生态系统服务。这反过来又有助于促进整个大都市地区及其腹地的可持续水资源规划。在提供和维护硬排水基础设施方面，它也可以着手引导有意义的预算调整。

规模化工作的价值在于，任何生态系统服务的供应，包括减少洪水风险、减少真正的城市热岛，而不仅仅是局部降温、补充干净的地下水以及来自亲自然反应的生态心理效益（这些与水环境特别相关，见第 2 章），这些因“亲自然饮食”的推广而大大提升。这意味着在空间和时间上与产生亲自然反应的特征接触越多，可衡量的益处就越大，而城市规模的可持续排水系统网络在这方面肯定会有所帮助。干预的规模越大，对本地生物多样性的益处也就越大，原因见第 2 章。

纳入灰水循环利用的生态模拟方法

我们在不同程度上污染了我们每天在家里使用的水。如果污染并不牵涉大量的人类排泄物，那么产生的污水通常称为“灰水”。这是我们清洗自身、衣服和炊具后通常排放到下水道的水。灰水虽然不像黑水（见本章下文）那么危险，但它确实含有大量细菌，并且往往含有相当高浓度的植物营养素（因为清洁剂最常基于磷酸盐）。

灰水的回收是完全可行的。例如，在干旱严重的加利福尼亚州，现在必须将洗碗池和浴室的水转移到厕所水箱，而不是用珍贵的饮用水冲洗厕所。

已开发出适用于中等城市规模（低层公寓区）的系统，将灰水分流到屋顶空间，通过屋顶的可持续排水系统进行过滤，进行最终的紫外线处理以预防残留病原体，然后添加植物染料，以便在将其重新用于冲厕或花园灌溉前不与饮用水混淆。

如今，经常发生这样的争论，即除了饮用水和污水系统之外，第三个水系统在成本方面是不经济的。通常，解决这种僵局的变革只需要通过社会—政治—经济机制的结合来启动（见第8章）。这样，系统的大规模生产便降低了成本，不久之后，该技术便会成为建设成本的标准部分。

循环利用或消除黑水的生态模拟方法

目前，我们通常是用饮用水稀释人类排泄物（见本章前文），然后将其变成废物——污水。从实用的角度来看，尤其是在人类密度较高的情况下，很清楚为什么将水用作传输介质，因为水已经是排泄物的主要成分。从理论和整体的角度来看，这是一件不可能的事情。这就像取得两种资源并将它们混合在一起，而为产生有问题的废品一样。

通常，人类尿液不含高水平的病原体，相对简单的生物系统可以安全地对其进行处理。人类粪便在经过60℃以上足够时间的精心堆肥，可以成为相对无病原体的肥料。如前所述，饮用水是一种宝贵的商品，通常需要付出可观的代价。

在小规模的“生态开发”中，比如英国所谓的“霍克顿”（Hockerton）住宅开发项目，安装了分离式厕所。这些厕所将尿液和粪便分离到不同的路径。尿液在相当自然的湿地中处理非常安全。粪便在当地进行小规模堆肥，直到安全为止，然后用作土产作物的肥料。

人类的排泄物也可以用厌氧消化池进行大规模堆肥，产生的甲烷气体可以作为燃料燃烧。这可能需要将人类排泄物与家庭绿色废物和畜牧业相关的废物混合。当在**综合供热供电发电厂**（combined heat and power plant,

见术语汇编）中进行燃烧时，将获得最可持续的收益，从而可以最大限度地利用合成能源。

然而，在大型城镇和城市中大规模实施这种做法，问题就大得多。我们城市的污水进入污水管网，通常被送到污水处理厂，这些处理厂采用一整套物理、化学和生物工艺，将污水处理到原来的有机物和水再次半分离的程度。

然后，废水可以相对安全地排放到环境中（通常是河流）。安全性只是相对的，因为人们不能忽视潜在的生态系统破坏。目前，在大多数情况下，此类处理厂排放的磷负荷没有限制或没有非常高的限制，如前所述，就富营养化风险而言，这是自然和半自然湿地的实验。磷酸盐分离工厂可以包括在内，成本很高——这是对问题进行昂贵“技术修复”的案例，而首先我们不应该制造这个问题。

另一个主要产品是残留的有机污泥，可用作肥料。但是，这里也存在问题。由于我们大多数城市地区的城市径流与人类污水混合，污水不仅包含人类排泄物，还包含污染物，例如各种类型的金属，这些污染物最终会进入污泥。此外，由于一些人的愚昧，以及不时的非法行为，污水可能会被其他危险的化合物污染，例如溶剂和致癌物，它们被丢弃在厕所和下水道中。这意味着使用污泥给农作物施肥以供食用可能并不安全。因此，污泥通常作为林业肥料处理。

当工业废品未经适当的预处理也排放到下水道系统时，上述所有问题都会变得更加严重。在世界某些地区,这是一个非常严重的问题。总而言之，尤其是许多发展中国家没有适当的处理系统的情况下，当前黑水废物产生和处理的循环是一种效率低下、甚至无效的方法，还会产生有害的影响。

还有更多生态模拟的方法吗？似乎如果要制造废物，最好将废物尽可能靠近其生产来源进行处理。此外，有没有可能最终的产品不是提供部分清洁的水，而是饮用水？在贝尔格莱德（Belgrade），有一个大型的内部温室系统，其中有多个人工生物群落和精心设计的细菌培养物，可处理 50 000 人口当量（population equivalen，见术语汇编）的污水。这里没有异味，这个装置还成了旅游景点。该系统的产品包括饮用水和纯度相对较高的各种其他可使用产品。这表明我们朝着更加仿生的未来迈出了一步。

生态模拟水文基础设施的管理技术

应该很清楚，管理我们的水文基础设施涉及对大量不同的水流、过程和副产品的仔细控制和整合。这样做的系统已经在工程技术和生物学真正整合的道路上迈出了一步，不过在这方面还可以走得更远。

可以进行改进的关键领域之一是多功能性。例如，污水还含有废热，来自于产生污水的人体以及常产生污水的住宅。这些热量通常被浪费掉，但可以通过适当的工程进行回收和再利用。集成和优化水文基础设施的所有要素，以使过程尽可能生态模拟化，并且针对尽可能多的功能进行优化，因此迫切需要集成多元自动化计算机控制系统。未来自动化与技术在生态模拟中的结合将在第 7 章中讨论。

鼓励人本位的积极参与

智人是任何水文基础设施可持续和生态模拟操作的风险因素之一。如上所述，我们的行动并不总是最优的。与可持续设计中的所有方法一样，目标必须是使正确的事情成为最简单、最有吸引力的事情。这可以通过激励措施（例如税收和保险优惠）和惩罚措施（例如关税）的结合来实现。但是，继续教育和提高认识也至关重要。做到这一点的一种方法是使水文基础设施系统中的流量和过程变得明显和专利化，例如通过实时图形显示在家中或公共场所。这可能赋予公民权利并激励他们接受复杂的水文生态模拟，将其作为人类的超现代和令人振奋的人类进步，有助于抑制公众普遍认为的生态方法，而这在某种程度上是反动和反进步的观点。

水文基础设施因素总结

显然，生态模拟水文基础设施的设计目标是确保系统具有多种功能，使用可持续能源（理想情况下直接由太阳提供），并具有自然生态系统的所有恢复力和稳态特性（见第 2 章）。这是一种综合性方法，包括人性化的保护、效率和明智的节俭。正如第 4 章所强调的那样，需要将经过重新设计的生态模拟水文基础设施与其他基础设施（自然基础设施、社会政治基础设施和技术基础设施）进行生物整合，以创建一个真正可持续的人造世界，这可能拯救我们和其他物种的未来。

本章注释

[1] Edwards, P. E. T., et al. 'Investing in Nature: Restoring Coastal Habitat Blue Infrastructure and Green Job Creation.' *Marine Policy*, vol. 38, no. 12, June 2012, pp. 65–71. doi:10.1016/j.marpol.2012.05.020.

[2] Karamouz, M. *Hydrology and Hydroclimatology: Principles and Applications.* CRC Press, 2013.

[3] Margulis, S. *Introduction to Hydrology*, 4th ed., 2017, https://margulis-group.github.io/teaching/.

[4] Dang, T. D., et al. 'Hydrological Alterations from Water Infrastructure Development in the Mekong Floodplains.' *Hydrological Processes*, vol. 30, no. 21, 29 Apr. 2016, pp. 3824–3838. doi:10.1002/hyp.10894.

[5] Elimelech, M. 'Overview on Nanotechnology: The Future of Seawater Desalination.' *International Journal of Science and Research*, vol. 5, no. 2, 2016, pp. 399–401. doi:10.21275/v5i2.nov161131.

[6] O'Connor, F. M., et al. 'Possible Role of Wetlands, Permafrost, and Methane Hydrates in the Methane Cycle under Future Climate Change: A Review.' *Reviews of Geophysics*, vol. 48, no. 4, 2010, doi:10.1029/2010rg000326.

[7] Reisner, M. *Cadillac Desert: The American West and Its Disappearing Water.* Penguin, 1993, pp. 1–47.

[8] Fregno, F. F., et al. 'Quantitative Microbial Risk Assessment Combined with Hydrodynamic Modelling to Estimate the Public Health Risk Associated with Bathing after Rainfall Events.' *Science of the Total Environment*, vol. 548–549, 2016, pp. 270–279. doi:10.1016/j.scitotenv.2016.01.034.

[9] Yurtoğlu, N. 'Plant Water Relationships and Evapotranspiration.' *History Studies International Journal of History*, vol. 10, no. 7, 2018, pp. 241–264. doi:10.9737/hist.2018.658.

[10] Smith, V. H. 'Cultural Eutrophication of Inland, Estuarine, and Coastal Waters.' *Successes, Limitations, and Frontiers in Ecosystem Science*, 1998, pp. 7–49. doi:10.1007/978-1-4612-1724-4_2.

延伸阅读

Cantor, S. L. 2008. *Green Roofs in Sustainable Landscape Design.* W.W. Norton, New York.
Gunawardena, K. R., Wells M. J. & Kershaw, T. 2017. Utilising Green and Bluespace to Mitigate Urban Heat Island Intensity. *Science of the Total Environment,* 584–585: 1040–1055.
Wells, M. J. & Grant, G. 2006. Biodiverse Vegetated Architecture Worldwide: Status, Research and Advances. In: *Proceedings of the 22nd Conference of the Institute of Ecology and Environmental Management: Sustainable New Housing and Major Developments – Rising to the Ecological Challenges.* Institute of Ecology and Environmental Management, Winchester, UK. Available at www.livingroofs.org/images/stories/pdfs/WellsGrant%20_final.pdf. (Historical overview of green roof design.)

TUCK
respiration
photosynthesis
organic carbon
dead organisms & wastes
fossils & fossil fuels
auto & factory emissions

7

技术基础设施

什么是技术基础设施

“技术基础设施”（technological infrastructure）一词是指人类社会利用地球上发现的原材料制造、建造和生产的所有合成和半合成的人工制品、建筑物、基础设施和建成系统。这些原材料包括从地球上提取的无机原材料（如金属和矿物），也包括生长并随后收获（杀死和收集）以供非生命状态使用的有机原材料（如木材）。

城市和城市住宅区的外部和内部基础设施

尽管通常会为商业、家庭和其他用途创造社会的合成和半合成人工制品，但人类最大的人工制品是城市和城市住宅。建筑物和其他结构（例如桥梁、港口、塔架和典型城市住宅的所有部分）构成了这些巨型结构。

城市公用设施是连接的技术基础设施，可以细分作为围墙和建筑外部的（external）技术基础设施。公用设施要么隐藏在地下，或者由塔架挂在空中，要么作为内部（internal）公共设施的形式存在，如在建筑物内，并通常隐藏在地上建筑结构的墙壁和管道中。城市技术基础设施如下：

外部技术基础设施

其中包括主要安装在建筑物外的所有工程公用设施网络。示例包括：

- 地面和地下的道路和路线系统，例如铁路线以及使用这些系统的车辆（汽车、火车、公共汽车、卡车等）。
- 属于城市领域的各种结构，例如桥梁和隧道。

地下运输系统；
停靠区、零件、机场、码头；
地下和海底电缆；
架空电力、通信塔架和线路；
真空废物收集系统。

- 污水管道和处理系统。
- 水网系统。
- 电力线和能源发电系统。
- 电信和 IT 系统。
- 城市燃气系统。
- 其他城市公用设施。

为了完整起见，在概念上有关并周期性使用的海上、空中或太空人员和货物运输路线，以及船只、飞机和航天器也要包括在内。但以某种方式将这些无形的媒介视为“基础设施”似乎有些奇怪。但我们实际上对这些路线的使用非常频繁，以至于我们留下了化学物质和其他类型的“足迹”，例如对天气和气候有重大影响的飞机蒸汽踪迹。

围墙内的内部基础设施

这些是安装在建筑物和构筑物结构中的工程系统，以使人类和人造机械能够在封闭空间内有效地发挥作用，也就是说，在任何建筑封闭系统、建筑物围护结构或其他结构内。这些建筑物通常是横向或竖向集中的超级围墙。人类社会在这些建筑物的庇护下获取生活、繁殖、工作、制造和再造的要素。它们是机械和电气系统或服务，在现代建筑中它们的部署令人眼花缭乱，它们包括：

- 天然气网络。
- 电气网络。
- 饮用水供水系统。
- 污水和废水系统。
- 用于烹饪、照明、供热和降温的机械和器具。
- 消防系统。
- 机械运动系统，如电梯和自动扶梯。
- IT 和电信系统、设备和电缆。
- 环境供热和降温系统。

封闭的基础设施和围墙能够有不同程度的耐候性和气候调节性，其创造的环境条件能够提高人类的舒适度、健康和生产力，使人类履行其所有的家庭、商业、工业、生产、经济、政治、文化及各种社会职能。

社会中的大多数人很少考虑这些基础设施的内部网络，尤其因为它们通常隐藏在围墙或屋顶内，并不是清晰可见（尽管也有例外）。

这些基础设施的许多组成部分对于我们的生存和现代社会的有效运作是必不可少的。然而，也有一些可能不是那么重要，有些甚至开始伤害我们（例如我们沉迷于许多信息技术产品，详见第 8 章）。

这些基础设施系统，无论是内部还是外部，都会对地球系统和循环造成负面的人类影响，需要进行系统性的重新设计，在许多情况下还需要进行改造，以使社会生态有效（见第 2 章）。这些系统需要被设计和制造成对自然友好的生态系统，并以具有生态系统属性的生态模拟为基础。例如，能源系统需要以可再生资源为动力，这与大多数生态系统通常依赖太阳作为主要可再生能源一样。水源必须是当地的，并以可补充的方式使用。废物需要回收利用。

这些城市技术系统及其硬件的内容所包含的能量要低，其操作所需要的能量要低，如果可能的话，要实现净零能耗，并且要可重复使用、可回收并整合回归自然。

生态设计的挑战是如何根据生态中心和生态模拟的原理设计和制造这些基础设施和结构。

人类社会中大量的人工制品

在技术基础设施和建筑环境中包括大量的人工制品、物品、机器和设备，这些都是人类在商业运作、工业生产和家庭使用中制造的。例如，这些产品包括电脑、白色家电、服装、玩具、移动电话和为人类日常生活和福祉而制造的物品。虽然人类社会已经存在着大量的人工制品，它们的处理和回收利用需要加以解决和改造，但所有新的人工制品的制作都需要基于生态模拟，以使它们可以重复使用、回收利用，并在不损害自然的情况下轻松地回归到环境之中。

其他动物会做“人工制品”吗？确实还有会制造物品的物种，但在制造过程中对天然原料加工程度有限，且可生物降解。[1]这意味着所产生的“人工制品”通常可通过腐烂、风化及其他过程被友好地吸收回到生物圈生态系统中。[2，3，4]

例如，织巢鸟和园丁鸟会制造复杂的鸟巢结构，这些鸟巢结构是真正的微型建筑奇迹，但其腐烂速度相对较快。[5]

在加利福尼亚州，由海狸砍伐树木所创建的水坝可追溯到1000年前，因为海狸不断地在同一地点更新构筑物。累积的植被开始分解，形成厌氧环境（没有氧气），这会促进产生甲烷的细菌生长。海狸水坝最终产生的甲烷生产规模明显增加了全球温室气体的产量。[6]

白蚁丘在很长的时间尺度上也可以保持原封不动。这些惊人的生态工程师建立的土丘是土壤、沙子、黏土、木材和其他天然材料的混合物，并通过它们的黏性唾液粘合在一起。在巴西东北部的卡廷加沙漠中，现在已经灭绝的白蚁（*Syntermes dirus*）建造的许多土丘，形成了间隔开的凹凸不平的奇特的月球景观，并已经存在了近4000年。地下部分的结构则更加巨大。[7]

珊瑚虫（看起来与相互连接的海葵相似的群居动物）通过生物生产（除了其他方式以外）的石灰石形成了巨大的珊瑚礁结构。珊瑚礁包括一些地球上最大的动物构筑物：可以从外太空看到澳大利亚东海岸的大堡礁。[8, 9]

我们石器时代的祖先用岩石制作并锻造了工具，这些工具已经存在了数万年。然而当智人发现了如何制作物品和使用火的时候，便突破了人类发展的限制。从那时起，我们的制造能力呈指数级增长，我们开始创造在地球上（当然是在生物圈中）罕见的化学物质和材料，其中有许多以前从未在生物圈中自然出现过。

随着我们技术能力的提高（本章后文将进一步讨论），我们合成更多非同寻常的非天然化学物质的能力也在不断增强，这些化学物质在自然生态系统中具有绝对巨大的破坏力。幸运的是，没有其他动物能像人类这样如此广泛地做到这一点。

我们最大的人工制品——城市的问题

在第5章中详细讨论了地球上许多城市地区自然基础设施的有限程度。自然基础设施——原始的、高度改造的和新创造的支持植物和动物的生物系统的结合——在全球大多数城镇中都受到高度破坏，存在支离破碎、简化和物种匮乏等问题。城市和城镇经常拔地而起（甚至当今仍在许多国家出现），很少或根本没有考虑到原有的自然，使得自然一开始就无法接受。从整体上看，每个城市或城镇充其量都是一个非常脆弱的寄生生态系统，或者是这些生态系统之间相互联系薄弱的各种松散组合。在我们某些城市的关键区域，有明显例外的情况，这些区域在设计或再生时都高度重视生态因素。但是，就其生物成分和与自然整合的结构而言，即使是最绿色和最具有环境意识进行管理的城市和城镇，仍未完全实现连贯而完整的生态系统状态。

线性代谢问题

正如一些当前的城市理论家倾向于做的那样，如果将我们城市中基于自然的组成部分放在一边，将城镇视为“生态系统”的最大障碍是：城市中大多数是线性输入或输出处理系统。这一点已经在第1章中提到，当今“获取—制造—处置”线性经济的吞吐流程，需要改变为“获取—制造—再利用—回收—补充—再整合（回归自然环境）”的循环流程。

产品和大部分不可再生能源是从“其他地方”运到城市（新的或现有的）。现有城镇或城市依赖于外部（往往是远距离的）生态系统的模式具有寄生性和破坏性，会在全球范围内产生不良影响（例如，砍伐远处的森林以获取木材，并伴随相关物种的丧失，进而推动全球气候变化）。如第5章所述，自然和半自然生态系统之间相互联系和相互依赖的程度，远比人们以前认为的要大得多，它们彼此交换物质的成分和数量。然而，它们的紧密联系往往以非寄生的方式发生，也不会损害任何参与的生态系统。

制造和消费发生在城市或城镇的运行系统中，其中最终产品被再次丢弃到环境中，就好像（环境）是不相关的“别处”。排放到大气中的废气引起气候变化；固体废物被丢弃到大地景观中，其中大部分是在填埋场，其中产生的渗滤物污染了我们的海洋，而污染的液体废物则排放到我们重要的水道、水体和含水层。排放和抛入海洋的物品包括大量的塑料制品。在许多情况下（已在第5章和第6章中讨论），这种废物甚至在许多代人的时间范围内都不能被降解。[10] 相比之下，自然和半自然生态系统再处理和回收它们的废物——它们每一个组成生物的输出被一个或多个其他组成生物用作输入。在一些最高效的系统中，如热带雨林，几乎不会产生任何废物，也没有输出到其生态系统之外。

在现有城市逐步采用越来越高程度的回收措施的同时，仍有大量的废物被处置到城市填埋场，包括现有城市外部和内部的基础设施中使用寿命结束的材料。近几十年来，人类作为一个物种在这方面已经取得了长足的进步，特别是通过对废物处理征税。但从整体上看待人造世界的城市结构和人工制品时，明显还有很多事情需要做。总而言之，现有的现代城镇或城市总体上被视为累积重要人工制品的技术基础设施，而没有表现出许多自然或半自然生态系统的标准特征。为了让我们人类最大的人工制品——现存的城市，真正实现生态模拟，还有许多需要修正、重新构造、重新设计和重新制造之处。

用于制造技术基础设施的材料供应问题

我们人造世界的发展所需要的自然资源是否会成为限制因素——换句话说，我们是否会耗尽它们？这个概念通常被称为“供应峰值”（peak supply，见术语汇编），例如“石油峰值”和“矿物峰值”。为什么这个问题还不明确？这是因为在对方程中完全忽略的因素进行分析时，有太多的假设。

第一个也是最明显的制约因素是经济成本，例如，由于已知的易于开采的石油储备已经枯竭，各国可能只剩下质量相对较低或因为开采成本太高而难以获得的资源（例如在深海或北极）。

然而，当前文献指出，每当预测某些或其他矿物的供应峰值时，当代技术就会发展，促使我们发现一种新的、尚未开发的资源，或者寻找一种新的方式来经济地利用以前过于昂贵的资源。每当我们似乎接近预期的极限时，这种情况就会不断发展。

但是，越来越多的观察者似乎都同意，我们不能将所谓的“外部性”排除在外，特别是这种（资源）开发造成的环境和社会危害。随着越来越精细化地考虑“自然资本”和生态系统服务评估的模型的出现，开发越来越偏远和难以获取的资源的净成本变得愈发清晰。虽然这种考量忽略了保护与我们共享地球的其他生命形式的道德义务。

一个很好的例子可能是深海热液喷口的潜在开发，以获得其丰富的相关矿物资源。最初，人们希望这是一个很好的环境选择（假设它可以在经济上实现），因为在如此恶劣的条件下，不会有任何生物生存。然而，这已经被证明是一个不准确的假设，因为发现了独特的“嗜极生物”（extremophile，见术语汇编）群落，它们生活在离（热液）喷口非常近、温度极高的区域，是显然不依赖于太阳能量的生态系统。这些物种在地球上其他任何地方都找不到。因此，似乎没有任何开发会不产生损害，或不带来环境以及道德创伤。

一旦我们意识到，我们的物质财富、环境财富与健康之间几乎总是存在着一种权衡（见第8章），我们就可以做出选择，并取得平衡。因此，我们不能把我们的星球当作一个无穷无尽的资源供应者，而我们不可能不受惩罚而制造越来越多的“废物”，以及对自然产生我们日后将追悔莫及的伤害。

环境经济学家提出了一种循环经济，旨在将人类追求社会繁荣与不可持续的环境影响脱钩。这将在第8章中进一步讨论。

建成环境中的材料流动问题——通过设计来“闭合循环”

几个世纪以来，人类文明的发展一直专注于新的制造方式。我们已经合成了大自然中以前未知（或极为稀有）的新化合物，来协助制造。我们将这些化合物组装成零部件和人工制品时，几乎没有考虑到提取和制造过程对地球的影响，更重要的是，没有考虑到人工制品在其使用寿命和使用寿命结束时会发生什么。我们需要重申在第1章中提到的内容，当今“获取—制造—处置”线性经济的吞吐流程，需要改变为“获取—制造—再利用—回收—补充—再整合（回归自然环境）”的循环流程。

大自然的行事方式与人类社会不同。当大自然从原始的天然原料中制造新事物时，这些只是**组装材料**（assembled materials）——矿物和有机化合物在一种暂时的结合状态下聚集在一起，然后在其运行生命周期结束时最终分解并重新吸收到环境中。在某些情况下，这些生命周期可能在数千年的时间尺度中运作（例如，古白蚁丘的风化），但这些成分最终都会逐渐回到环境中。

在我们不断使用的材料和人工制品（包括我们的人造世界和建成环境）中设计“**闭合循环**”（close the cycle）的方法，旨在消除浪费的概念。这种方法旨在仿效自然，通过考虑所有具有环境友好再利用价值的人工制品的最终命运来实现。

材料的“使用寿命”是指该材料的整个生命周期，从原材料的提取，到制成人工制品，再到最终的重组或回归自然环境，无论是通过分解还是补充。从原材料回到新原材料以进行另一个过程的循环称为材料“生命周期”，而旨在复制该过程的设计过程通常称为“从源到源”或“从摇篮到摇篮”（与当前“从摇篮到坟墓”的惯例相对）。

全面的生态设计过程需要理解所使用的每种材料和组件的“生态”。虽然设计的系统在建造或制造之后所发生的情况超出了设计者的控制范围，但生态设计师必须分析和预测在每个生命周期阶段和所有地理范围内对生物圈的所有环境影响。只有这样，生态设计师才能在材料和工艺的选择上做出明智的决定。

对于生态设计师来说，仔细考虑适用于每个影响和过程的时间框架也很重要。当前常见的情况是，对未来的影响不加考虑，就好像人类对未来的某些技术解决方案寄予了厚望，但很少应用预防的原则。

当然，对这些生命周期中可能产生的后果的预测是一项复杂的工作，而且很难以一种完全包括所有环境、社会和经济影响的方式来实现。但是，可持续性本身是植根于对子孙后代和其他生命形式关怀的概念，因此预测是必不可少的。

就目前情况来看，我们制造的大部分现存人工制品、产品和材料都不容易被重复利用或回收。大多数现存人工制品都是无机的，需要相对较长的时间来分解。近年来，人们对估算（并在某些情况下进行测试）不同人工制品及其组成部分自然生物降解所需时间的科学兴趣激增。显而易见，降解的速度在很大程度上取决于人工制品结束使用寿命的环境。当然，潮湿或富氧的环境会比干燥或缺氧的环境（如垃圾填埋场）更快地降解人工制品。

天然存在的有机材料和一些人造有机物（如尼龙）和无机物（如锡），可以在人的一生中生物降解为其组成元素或简单化合物。铝罐可能需要100年时间。相比之下，我们制造的一些化合物，包括大多数塑料，它们是由相同的重复分子群（聚合物）组成的长链，通常附加稳定剂，将需要比当今地球上生物寿命和生物过程更长的时间来分解成它们原来的有机成分。

塑料暴露在阳光、高温或强烈的物理磨损条件下，会分解成更小的碎片，称为“微塑料”。微塑料是危险的，因为它们非常小，但它们并不比原始人工制品更容易分解。我们的海洋现在正受到这些微塑料的严重污染，例如多来自较大塑料制品的分离，以及被排放到灰水中的纤维，这些纤维多来自合成服装和用于清洁产品中的磨料（见第6章）。

尺寸约为十万分之一米（10μm）的微塑料，是一个特别值得关注的环境问题。这些物质被海洋浮游动物摄取后，会导致它们的消化道阻塞、脂肪储备的丧失和免疫反应的增强——所有这些都通过攻击海洋食物网的基础而威胁到全球海洋生态系统。此外，微塑料在食物链中积累，最终到我们餐盘上的海鲜之中。塑料纤维污染了全球84%的饮用水样本，因此成为公共卫生问题。它阻塞了我们的水道和血管！

闭合我们制造产品和化学成分的循环，不仅是为了回收利用，从根本上是为了替代——寻找对环境无害的替代品，以替代我们目前可能使用的对环境有害的成分。由于许多原因，这是很困难的，因为替代品至少需要和它所替代的产品一样发挥作用，这意味着可供的选择具有许多相似的特性，并且可能对所寻求替代品的成分造成环境损害。

在人造世界中全面解决材料的循环生态物流问题，是一个雄心勃勃的巨大命题，不可能一蹴而就。然而，如果人类不坚持这一目标，我们的星球将越来越多地在陆地、水和空气的环境中堆积着使用过的材料和产品。我们将继续延续“浪费”的概念，并忍受其造成的有害影响，而不是从大自然中吸取重要教训，停止给我们自己制造巨大且难以解决的问题。

避免零散和逐步的方法

闭环设计的一部分涉及真正的整体设计并避免逐步的方法。第4章在讨论基础设施方法的必要性时，解释了为何对建筑环境进行重新设计和改造必须避免采用逐步的方法，该方法生产出看起来具有生态可持续结果的组件，但实际上并非如此，因为它们依赖于其他本身不是生态设计的系统。在进行设计时，既要对组件的生命周期进行适当的分析，又要确保所有相关元素的整体集成，这在组织管理和分析方面都是巨大的挑战。因此，这是生态设计的另一个关键挑战。

利用第四次工业革命实现环境可持续性

人类新技术方法的发展行动曾达到多个高峰。这些通常被称为“工业革命”，前三次工业革命始于18世纪，当时欧洲和北美的大部分人口从乡村生活方式转向以蒸汽驱动的钢铁和纺织业为主的城市生活方式。第一次世界大战之前的第二次工业革命，见证了由电力驱动的大规模生产的兴起，以及第一批电信技术的发展。第三次革命（或称“数字”革命）始于19世纪80年代，见证了从模拟技术到数字技术的主要变化，以及由计算机和互联网服务的信息和计算机技术的真正崛起。

以这种方式发展的技术和工程，导致越来越大、越来越复杂的环境副作用。尤其是第三次工业革命，依赖铅和“六价铬”（hexavalent chromium，见术语汇编）等一系列有毒金属的日益复杂的电子元件的提取、制造和最终处置，对环境造成了严重破坏。

我们的工程基础设施通常对当前环境有害，因此需要重新考虑、重新设计、重新构造和重新制造，以便它们无缝地进行生物整合，并与自然界相连，从而恢复自然而不是危害自然。

然而，具有讽刺意味的是，解决方案的一部分似乎存在于与自然融合的新技术，以提供更高的处理能力，以足以充分理解例如大气这样复杂的系统。2015 年，世界经济论坛的克劳斯·施瓦布（Klaus Schwab）提出了**第四次工业革命**（fourth industrial revolution）的概念，这是技术与自然、自然系统和人类社会（包括人类自身）融合的巨大进步之一。这种方法的关键组成部分（每种术语的简短定义，请参见术语汇编）包括以下方面的应用：**纳米技术**（nanotechnology），**生物技术**（biotechnology），**量子计算**（quantum computing），**人工智能**（artificial intelligence），**物联网**（Internet of Things），**3D 打印**（3D printing）和**自动驾驶汽车**（autonomous vehicles）。

就长期可持续性而言，这些技术对于我们重新设计的世界有巨大的应用价值和潜力。我们或许能够更可靠地预测和避免环境危害，更有效地提高应对基础设施挑战的能力，在问题出现之前就避免问题，并普遍地大大提高我们利用资源的效率。

当我们谈到基础设施的整合时（见第 5 章），第四次工业革命将是生物和非生物进行无缝生物整合的关键，以创建友好整合的新型城市生态系统，恢复生物圈，并能够优化其运行。要看在这方面是否成功，我们必须利用所有这些新技术，使全球范围的环境监测成为可能，我们现在确实开始这样做了。

实时全球环境监测

生态设计的一个关键方面，是需要在全球范围内监控、测量、评估、评价、理解和预测，然后减轻我们行动对环境的影响。我们需要实时且连续的良好监控数据。这需要在其物料的物流生命周期的每个步骤中应用设计的系统，然后总结其影响。这些行动必须是动态的、不断适应的，而不是静态的。

随着集成技术和信息技术的进步，我们首次有机会转向对全球“领域”进行实时、复杂的监控，并将传感器中的信息集成到数据中，从而使我们能够做出自适应地响应，帮助地球保持在其生物需要的环境限制范围内。

改造和重构技术基础设施

综上所述，本章讨论了人类社会的技术基础设施，以便与其他基础设施友好地重新整合，也就是与自然基础设施、水文基础设施和社会—经济—政治基础设施整合。

正如第 1 章所述，人类在技术基础设施方面显然还有许多工作要做。为了让人类社会拥有一个富有恢复力、持久和可持续的未来，我们需要重新利用、重新构造、重新设计、重新制造和恢复我们的人造世界，使我们的建成环境、人工制品、构筑物与自然友好、无缝地进行生物整合，并与自然协同工作。我们离实现这一状态还很遥远，但这是生态设计的另一巨大挑战，人类必须采取一致行动来纠正目前的状态。

本章注释

[1] Jones, C. G., et al. 'Organisms as Ecosystem Engineers.' *Oikos*, vol. 69, no. 3, 1994, pp. 373–386. JSTOR: www.jstor.org/stable/3545850.

[2] Berner, R. A. *The Phanerozoic Carbon Cycle: CO_2 and O_2*. Oxford University Press, 2004.

[3] Environmental Literacy Council. 'Biogeochemical Cycles.' 2018, https://enviroliteracy.org/air-climate-weather/biogeochemical-cycles/.

[4] Cain, M. L., et al. *Ecology*. Sinauer Associates, Inc. Publishers, 2014 (Ch. 22).

[5] Collias, N. E., and Collias, E. C. *Nest Building and Bird Behavior*, vol. 857. Princeton University Press, 2016.

[6] Ford, T. E., and Naiman, R. J. 'Alteration of Carbon Cycling by Beaver: Methane Evasion Rates from Boreal Forest Streams and Rivers.' *Canadian Journal of Zoology*, vol. 66, no. 2, 1988, pp. 529–533. doi:10.1139/z88-076.

[7] Funch, R. R. 'Termite Mounds as Dominant Land Forms in Semiarid Northeastern Brazil.' *Journal of Arid Environments*, vol. 122, 2015, pp. 27–29. doi:10.1016/j.jaridenv.2015.05.010.

[8] Sorokin, Y. I. *Coral Reef Ecology*, vol. 102. Springer, 1995.

[9] Chappell, J. 'Coral Morphology, Diversity and Reef Growth.' *Nature*, vol. 286, no. 5770, 1980, pp. 249–252. doi:10.1038/286249a0.

[10] Zalasiewicz, J., et al. 'The Geological Cycle of Plastics and Their Use as a Stratigraphic Indicator of the Anthropocene.' *Anthropocene*, vol. 13, 2016, pp. 4–17. doi:10.1016/j.ancene.2016.01.002.

延伸阅读

Braungart, M. & McDonough, W. 2009. *Cradle to Cradle. Remaking the Way We Make Things.* Vintage, New York.

Power, A. 2000. *Cities for a Small Country: The Future of Cities.* Faber & Faber, London.

Rogers, R. 1997. *Cities for a Small Planet.* Faber & Faber, London.

TUCK

8

人本基础设施

作为基础设施的人类社会和社会—经济—政治体系

在生态设计中有一种观点，认为人类社会及其社会体系本身应该被视为一种基础设施，这种基础设施应与其他基础设施进行类似的生物整合，才能构成我们的“四元”人工生态系统。而在大多数生态设计方法中，对社会方面及其对生态后果的重要影响关注不足。人类的意识形态决定了人类为自己创造的社会体系，包括社会—经济—政治—制度—教育体系。这些社会体系决定了建筑环境的物质系统及其大量的人工制品。

在解决当前的环境危害问题并力争在环境极限内工作，同时满足全球人口的需求时，我们还需要解决人类社会运行和产生的“虚拟系统”。因此，如第4章所述，生态设计的第四个关键要素是考虑“人为因素”。这表现为我们的社会、经济、政治、宗教、制度和法律体系，以及全人类的行动和互动——利益和信任的紧密联系，是人类社区和社会联系的力量。我们需要指出的是，许多设计师的可持续设计方法中，这一因素常常被遗漏或忽略。

20世纪法国哲学家菲利克斯·加塔利（Felix Guattari）认为，人类的社会—经济—政治体系和进程具有其自身的“虚拟生态”形式。他进一步指出，人们持有的观念和信仰具有“生命”，因此具有其自身的“生态”，往往具有突发性，即使对社会和政治有极其详细的了解，也很难预测。他还谈到了“三种生态”：自然生态、人类互动生态和思想生态。

这种人类制度、机构、规则、意识形态和思想的结合可以被认为是部分物质和部分虚拟的基础设施，因其与人类的生存和利益完全相关，在这里称之为**“人本基础设施”**（anthropocentric infrastructure，见术语汇编）。

我们如何对待自然以及我们如何使用技术，完全取决于该基础设施中复杂交互的涌现特性。许多现有的绿色设计很少考虑这种基础设施，尤其是在建成环境的创建和运行过程中。例如许多国际认证系统（例如绿色建筑评估体系、英国建筑研究院环境评估方法，见第 2 章中的讨论）也均未充分考虑到。

火山喷发或地球轴向摆动形式的自然现象，当然会导致重大的环境变化和物种灭绝。然而，在当今人类世时代，地球上人类社会和生命所面临的最真实存在的危险是人为的，并与全球环境的逐步退化有关。

地球上的物质系统和建造系统是人类创造的，并由其社会—经济—政治—制度体系所主导。这些体系大多是在没有充分考虑其对自然的负面影响的情况下创建的，也没有受到生态学的驱动和指导。这便是造成地球环境恶化现状的主要原因。

任何缓解和消除环境退化的有效行动，届时都始于人类，因此，尽管其奥秘复杂，但在生态设计中必须正面解决人本基础设施问题。换言之，生态设计需要包括这些尝试——致力于重新审视人类意识形态和人类社会体系的转变，从而聚焦于自然、生物圈和生物地球化学循环。

人本基础设施对其他基础设施的控制

当然，对于所有技术基础设施的协调管理、高效运行、定期维护和持续监控而言，人类服务和人类社会工作是必不可少的。虽然我们的技术基础设施可以部分通过智能（自动化或人工智能系统）系统进行操作，但这些系统（至少到目前为止）需要人工指挥、编程、监督、服务支持和操作。不论技术如何自动化,都是人本基础设施来使得技术和工程系统得以运转。当然，在科幻小说中，人工智能（AI）可以有效实现自我意识。其实，有人认为，只有通过人类与技术的充分融合，我们才能确保人类持续的卓越地位。

另外，鉴于当今人类干预的力量和人类对地球的主导地位，人类现在也在水文循环（除城市水网和供水系统之外）调节中发挥着重要作用。类似地，无论好坏，人类现在拥有对自然基础设施重要的支配权。因此，无论是实际或道德上的义务，都落在地球人本基础设施领域，以确保地球生态系统和生物地球化学循环的健康状态，即务必使自然界的生命支持系统对全球所有生物多样性进行有效运作。

这些考虑引发了深刻的思想与伦理问题，但在我们审视这些问题以及将思维方式转向生态中心方法的挑战之前，让我们首先通过审视我们当前流行的经济体系来研究现代人本基础设施具有的弊端。

环境问题外部化的传统经济路线

世界上大部分地区运行的经济模式中，环境影响与其他可持续性标准的整合几乎为零。公民为公司和政府供应劳动力，而公司和政府又在无休止的经济循环中为公民提供商品和服务。显然，这种模式的问题在于它忽略了整个系统对环境的依赖及其资源限制，也忽略了全球社会平等和公平等问题。

线性经济与循环经济

由于缺乏公众对环境的关怀，世界仍然在通常被称为“**线性经济**”（linear economy，见术语汇编）的基础上运行，这是一种基于“提取—制造—使用—丢弃”的路线来运行我们人造世界的经济模型。

近几十年发展起来的另一种概念是“**循环经济**”（circular economy，见术语汇编）。在循环经济中，投入和产出是周期性的，即一种产出（以前被认为是废物）成为另一种可持续过程的投入。这样，材料的生命周期类似于环形而非线性。这一过程永远不会完全结束。任何一个真实的系统都会有漏洞，但其目的是尽可能地减缓、缩小并最终闭合漏洞。

与循环经济路线相关的实践包括循环利用（包括翻新和升级），这在全球范围内越来越普遍。显然，将人类社会从运行线性经济转变为信奉循环经济，需要相当深刻的观念转变。这就需要重新关注“系统思维”。

循环经济路线中的一部分还蕴含着使产品使用寿命更长、工作效率更高的要求，而非持续生产短期使用的产品。我们也需要将我们的创造力和思维方式转向延长产品寿命和提高效率的挑战。这与线性经济的荒唐形成了鲜明对比，线性经济则是在许多消耗品中内置冗余以保持不间断的销量。

成功实施循环经济路线的关键是在保持创收的同时做到这一点。通过强调效率（随着方法的标准化，最终实现规模经济），着重于质量而非数量，则循环经济路线具有盈利可行性。但是，为了确保这一结果，政府和金融机构必须以补贴（化石燃料和工农业等有害产品目前从中受益）和投资的形式提供支持。

循环经济的另一个基本概念，是它可以为消费者带来更高的生活品质。同样重要的是，要注意循环经济是一个适用的概念，而与采用该路线的地区或文化的社会经济地位无关。当然，这是对生态系统运作的周期性代谢过程进行的强烈自然类比。这就是生态模拟的核心要素。

经济增长与日益增加的资源利用脱钩

循环经济方法的另一个关键益处，是我们如何解决日益增加的全球资源（包括可再生和不可再生的资源）利用问题，这一点值得单独在此列小标题进行阐述。在某些情况下，我们应该通过立法或鼓励生产使用更少投入（尤其是能源）的更高效的人工制品（典型例子是带有低能耗标签的家用电器设备，即所谓的“白色家电”）。

另一种方法是，通过令人信服的道德论证，直接鼓励社会自愿采取更加节俭的资源利用方式（见本章后文）。

领导人和政府必须将“少花钱多办事”（有时被称为“可持续撤退”）打造成一种先进和进步的路线。要想说服社会上大多数人转变思维，就要努力与这种被认为是倒退和退化的倾向做斗争。

经济增长与有害物质和材料的使用脱钩

为了采取生态合理的经济路线，另一项关键的必需方法是，尽可能将持续的经济增长，与对环境构成重大风险的提取或制造的物质和材料的持续且经常扩大的使用脱钩。

如前几章所述，一种化合物被纳入一种可操作的人工制品中时是完全安全的，但当它被意外释放（或作为废物被不小心丢弃）时，它可能会变得极其危险。一种方法是通过确保任何此类材料的回收而进行再利用，来减少增加的使用量（见本章前文的“线性经济与循环经济”）。但是，如果我们鼓励发现和使用环境友好的替代品，而这些替代品不会对环境造成危害，那就更好了。例如，可以通过政府指令对研究赞助、对工业的奖励和税收，以及改变可能有助于改变消费者购买习惯的标签和广告的规定来做到这一点。

人类采取可持续饮食

人本基础设施的一个关键要素是人类社会中高度复杂和文化多样的食物消费模式。当食物数量达到足够人类生存之后，食物生产的政治和框架在很大程度上是受到人们对新奇口味和食用越来越多食物的欲望驱使，而这些食物在我们进化的最初阶段我们很少会享受（比如红肉）。食物供应的人本基础设施包括世界上一些最强大的社会—政治游说机构，例如商业性水产业和商业性农业。

传统上，社区会设法在自然补充能力的范围内消耗资源，有些社区现在仍然保持这种低影响的生活方式。但是现代食物生产系统，例如工业、畜牧业，远远超出了自然供应，且对生态系统的开发超出了其恢复能力。

现代食物体系的荒谬之处在于，它促进了大规模不健康食品的生产，并引发了与饮食有关的疾病，例如肥胖、心脏病和糖尿病等，这些疾病紧跟着每个国家的“发展”步伐。一些国家由于传统上以素食为主的饮食习惯，直到不久前还从未患过这些疾病，现在却抵挡不住同样的一系列疾病。此外，发展中国家生产奢侈品供发达国家消费，实际上剥夺了发展中国家用于实现主要作物可持续增长所急需的土地。

生态系统功能损失造成的生态成本，以及由此产生的经济影响都是巨大的。已经提到的示例包括：

- 新的作物或林业生产区失去了自然栖息地，耕种、食品运输和牲畜产生了大量碳排放。
- 农业化肥、除草剂和杀虫剂在全球范围内造成的污染。
- 对淡水资源的肆意消耗。
- 在所有情况下，生物多样性的损失。

与此同时，我们需要意识到地球对人类社会来说变得太小了，全球人口正以惊人的速度增长，并且人类正处于自我毁灭的危险之中。全球粮食安全是一个迫切需要解决的问题。如果人类要有一个可持续的未来从而无限期地生存下去，人类及其建成环境就需要积极寻求替代的生活方式、饮食和功能。食物生产问题是一个很好的例子，说明享有特权的发达国家如何利用和滥用自然系统和资源，使人类社会的弱势和发展中阶层处于不利地位，加剧了当前的环境危机。这个问题正在以一系列方式破坏稳定，威胁着人本基础设施结构，例如发展中国家向发达国家的大规模移民。

为人类的健康、福祉和幸福而设计

用 GDP 衡量经济增长从根本上来说是有问题的，因为它使错误观念自生自存，即实际净收入是唯一可行的社会目标。

人类的生理和心理健康通常是从所使用的模型中具体化的，甚至还有更抽象的概念，比如人类的幸福感。因此，我们陷入了一种怪诞的局面，也就是哲学家和学者们都讨论过的“得不偿失”。换言之，我们生活在一个日益疯狂的资本主义世界中，在大规模生产和高度复杂的营销手段的推动下获取物质财富，使人们对“越来越多”的商品上瘾，随后初步提升人们的快感，其特征是人们在更多获取之后的满意程度提升微乎其微，最终实际是净下降的。这种疯狂驱动的结果通常会忽视它的危害，不仅破坏环境，还损害我们自身。

如果我们要避免所谓的**贪婪文化**（acquisitive culture）的不合逻辑性和成瘾性，就必须改变大多数人类社会的准则和价值观，这些准则和价值观将净财务利润与人类进步联系起来，并构成了贯穿世界大部分地区的人本基础设施的支柱。我们需要在对经济增长的衡量和人类整体福祉的概念之间，进行一种思想上的脱钩。换言之，人类社会必须改变对享受高**品质生活**（quality of life）所需的看法，并聚焦于此，而不是仅仅关注**生活的物质标准**（material standard of living）。这是遏制我们在物质和自然资源消费方面日益增长和不可持续的使用方式的唯一途径。

实际上，我们需要发展以生态为基础的社会—经济—政治体系，以鼓励人类自愿选择一种充分满足文明需求的生活方式，而不是让我们无望地沉迷于无意义的、挥霍的、浪费的和对环境有害的持续索取。

值得注意的是，所造成的危害是一个正反馈循环：系统为需求提供动力，然后需求为系统提供更多的人工制品，消耗更多的能源，排放越来越多的废物和环境污染。再加上人口增长，这些放大效应对生物圈构成了真正的危害。在经济方面，我们需要可持续的“需求管理”，即社会的可持续采购与更幸福的人类对自然资本的合理和节约使用相匹配，并对其可持续保护采取预防措施。

为社会公平而设计

显然，发展和技术提高了世界上许多人的生活水平和福祉。然而，这是以巨大的、不可持续的环境代价实现的。现在，无论是发达国家还是发展中国家，都迫切需要转变人类文化，使之远离物质占有欲，以便更公平地分配现有资源，从而避免全球不稳定的后果。

处理人道主义问题

当然，人道主义问题远远超出了粮食问题。世界仍然深受贫困、疾病、失业、人口贩运、社会破坏、吸毒成瘾、有组织犯罪、内战和有计划地控制人口增长等人道主义问题的影响。设计师重新构想和改造人造世界，使其制造、操作和处置过程中更加生态有效和生态友好，这对所有这些人道主义问题都有潜在的巨大影响。

当然，管理部门应该制订直接解决这些问题的政策。但是，这些问题中有许多是由于无法充分获得必要资源或发生冲突造成的。水资源已经引发了战争。在出口污染和废物问题上存在冲突。国际冲突的威胁所带来的压力，促使人们向毒品寻求能够轻易实现的心理麻痹。

特别是伴随每一代人的挑战而来的年轻人的不安全感和担忧。那些在冷战中长大的人会记得偶尔思考“有什么意义？”（What's the point?），因为人类随时都可能毁灭自己。这种特别的恐惧在今天可能会再次加剧。

然而，如前所述，目前（最紧迫）最真实的危险是我们正在对自己的生命支持系统造成的伤害，这是逐步和不可避免的，因为我们未能采取生态中心的生活方式。今天年轻诗人和词曲作者的歌词中，充满了对我们造成的环境破坏的哀叹。关于这个星球的新闻太多了，却似乎都不是好的（新闻）。这极大地削弱了我们的自信心，并助长了世界各地青年的社会病态。

通过转变为生态中心的方法来设计我们的人造世界，我们同时减少了许多其他社会弊病和挑战的可能性，这些弊病和挑战是以牺牲社会、人类文明和地球为代价而获得进一步立足之处和繁荣发展的结果。

“可持续经济”的变体

近几十年来，人们一直在努力开发新的经济路线，试图解决可持续性问题。在工业、商业领域，有时在政治领域也是如此，多用绰号来简洁地概括这些路线。其中一个例子就是经常提到的“可持续”企业，它们尊重**“三重底线”**（triple bottom line），即由“社会公平、经济和环境”组成的一系列目标。另一个例子是联合国国际会议提出的**“人权、福利、地球”**三

大支柱（three pillars of“people，profit，planet”）。

另一个可持续发展的概念经济模型是所谓的**“甜甜圈经济学”**（doughnut economics）。这个模型实际上在概念上非常有用，因为它很好地展示了极限的概念。可持续的经济活动被视为发生在一个二维甜甜圈型经济的主体内。甜甜圈的外表面代表地球的自然资源以及这些资源对传统经济增长的限制。内环代表消除贫困，确保全球人口有合理生活水平，免受当今许多地区日益严重的社会弊病的影响所需的最低发展程度。

所有这些口号都是有用的，因为它们将更多的整体可持续方程带到了经济思考的前沿。然而，没有一个是全面的。所有这些都没有明确提及其他因素，如政治和文化方面。技术及其带来的善恶后果没有得到充分考虑。在这些可持续发展体系中，设定的目标往往有多种解释，而由使用这些目标的一方则决定实际考虑因素之中的重点应置于何处。

生态必要性和以自然为中心的方法主张，自然环境必须放在首位，因为如果我们有一个干净的环境——干净的土地、干净的空气、干净的水、干净的土壤和干净的生态系统——在这个环境中，社会本身拥有干净的健康清单，那么解决社会的社会—经济—物质体系的尝试就会变得更加容易，但其他倡导者的优先级可能并非如此。（生态必要性和以自然为中心的方法）还主张，如果我们要确保由此产生的系统能够持续和繁荣，就必须把所有基础设施（自然、水文、技术和人本）的所有要素放在一起考虑，没有任何遗漏，并完全整合在一起。

自然资本和生态系统服务货币化的问题

给环境赋予经济价值肯定比完全不关心环境要好。用官方的经济语言来描述，则是将自然环境的价值及对其影响的“外部性”内化到经济和金融模型中。然而，如果做得太过，也会出现问题。事实上，今天许多分析人士、经济学家甚至一些生态学家，纯粹是在宏观经济论证的基础上寻求生态和可持续方法的合理性。建议是，一旦我们正确地将自然资本和生态系统服务货币化（“为环境正确定价”），市场总是具有最有效、最公平分配的可靠性，来承担、避免或解决人类活动造成的环境损害，并“保持地球的健康”。

在具体情况下，如果在一个给定的社会政治体制内，这些办法确实能够遏制环境破坏的趋势或确实有助于环境恢复，那么这些办法可能是部分合理的。可以说，在某种程度上，各国之间温室气体排放对全球的影响，使得公平分担责任制度得以创建，在污染较重和污染较轻的国家都遏制了全球气候变化。

然而，这种方法存在几个关键问题。

第一，鉴于生态系统和全球自然循环的巨大复杂性和相互关系，任何包容性的经济模式都不可能完全涵盖对自然环境的所有影响。

第二，经济价值有很多种分配方式，由于其根植于人类的意识形态和社会体系（如“支付意愿”），都存在缺陷，而这些方法能够产生截然不同的结果和结论。

第三，市场动荡。试图对环境的某些方面进行估价，因其与当今社会相关，在未来相对价值发生巨大变化时，就可能会很快发生变化。

第四，大多数模式依赖于守信的小经济实体之间的随机、理性和公平竞争。这不给人性留下空间。例如，它不允许垄断或卡特尔的形成和价格操纵的发展，也不允许贿赂和腐败，从而导致对环境市场的虚假核查和审计。

第五，与环境商品、服务和损害有关的现行宏观经济模式，将这些可贸易的项目视为与任何其他商品一样，不需要进一步投资。但是，全球环境有特别之处：我们只有一个，我们依赖它，我们不能破坏它。我们不能像销售铅笔或滚珠轴承那样，在市场的试错系统中出错。

第六，也是最重要的，人类的生态中心思想归根结底是一个**伦理**（ethics）问题——也就是说，处理**人类的意识形态**（human ideologies），以便我们“做正确的事情”。这也许是刚刚所列第一个问题的基本事例，即我们不能为所有东西定价，因为有些东西本来就是无价的。

整体生态设计不仅旨在确保人类的长期生存和人类文明的繁荣，而且还具有维持地球上所有生命形式和栖息地的并行目标。这种对地球生命的道义责任之重，不仅源于人类对环境造成危害的特殊能力，也源于我们分析、预测和采取行动恢复全球环境的独特能力。

除上述基础设施外，生态设计还需要考虑人类的意识形态以及我们如何改变它们，并将人类社会的社会、文化、经济、政治、制度和教育体系作为基础设施。这是生态设计中经常被设计师忽视或遗漏的一个方面。

人类意识形态与生态中心主义

“意识形态”一词的意思是“思想的科学”。人类的意识形态是人类社会的观念模式，在这里被定义为个人或群体所持有的规范性信仰和价值观的集合，而不是基于简单事实的原因（所谓的认知原因）。意识形态被定义为“与现实存在条件相关事物的想象存在（或理念）”。它们源于我们在哲学、情感以及理性方面发展概念的方式，这些反过来又决定我们的文化和生活方式。地球上存在着大量的人类意识形态，在全球互联网到来之前，这些意识形态往往彼此相对孤立。

如前所述，我们庞大的社会—经济—政治—制度体系决定了所制造的物质系统和人工制品，以及它们是如何建造、使用和运作的。这似乎是显而易见的，但值得强调的是，作为一个物种，我们在如何经营生活方面有着非常广泛的选择，尤其是那些生活在发达国家的人。

对于选择用来为人类社会、结构和基础设施建造以及城市地区和整个城市的提供动力能源系统，我们可以选择如何运送人员和货物；我们可以选择我们应该吃什么，我们应该如何生产食物；我们可以选择食物到达餐桌的方式，包括食物必须经过的距离；我们可以选择不同类型的半自然生产系统，如农业、水产养殖和林业。如果我们在不适当地尊重自然和生态学的情况下，做出这些选择，在地球人口不断增长和技术迅速发展的情况下做出这些选择，我们将有能力在全球范围内对环境造成巨大的负面影响。

本章的前提是，无论社会和文化差异，还是社会的不同阶层，我们不同的意识形态都需要重新调整，以便成为生态中心，而不是技术中心或人本位。

这种调整可能涉及一定程度的文化同质化，而为了多样性和创造性的利益，文化同质化常常遭到抵制。然而，并不是所有的多样性都是好的，例如它包括破坏生物圈和扰乱整个地球循环的做法。因此，如果我们要有效解决全球环境损害和威胁，就必须保持生态中心的一致性。

生态中心思想

生态中心的思想指导我们不要剥削自然，不要否定或忽视自然系统及其所有生命形式的复杂性和相互依赖性。人类必须发展一种意识形态，不仅承认其他物种与我们共享地球的权利，而且充分理解和保护大自然提供生态系统服务的能力。人类必须采取一种意识形态，避免我们继续无情地清除地球上的自然和半自然栖息地，而不考虑所有地方和全球生态后果。人类必须清楚地认识到，我们不能再把自然界的陆地、水和空中环境当作人类废物和排放物的环境汇。

我们需要落实一种持久综合的、共生管理的以及与自然的伙伴关系，在自然的恢复极限内工作（见第 5 章），并采取预防措施，避免浪费。

实际上，采用生态中心思想意味着在每一个开发或恢复项目中，我们更接近于成为地球生物多样性、系统和自然资源的真正管理者，远离我们成为生命网络肆无忌惮的剥削者和掠夺者，而我们就是生命网络的一部分。

从政治领域到经济领域，到商业公司、工业部门，再到国际和国家、法律和立法体系，以及人类社区和个人，迈向真正的以生态为中心的可持续性都是一项挑战。不断变化的社会—经济—政治—制度体系不得不受到地方政治团体和全球制度的影响。

全人类必须共同承担一项全球责任，来结束地球目前的环境困境，其中一部分困境是由于前人的行动而遗留下来的，另一部分则是我们给所有物种后代留下的伤害。人类的意识形态及其行为向生态中心和生态驱动的转变，需要通过公众劝说和教育、行为改变者的努力、坚定的领导和政治意愿来实现。

虽然从某种意义上说，我们只是自然界中的一个物种，但应该很清楚的是，我们有着前所未有的能力来改变全球环境，决定其他物种是繁衍还是消亡。世界各地不同的意识形态在对待自然的道德管理方面各不相同。不幸的是，管理本身往往是人本位的，其目的或多或少是为了人类、人类社会和文明的利益而管理自然。然而，这种人本位的做法不会实现可持续性：这些社会和文明对依赖全球生物多样性的生物圈和自然生命维持系统的重视和考虑都太少（见第 5 章）。

本书已经描述过，我们已经对自然进行了各种各样的伤害，其是人本主义思想的副产品，是因为我们主流意识形态的不完整性和不充分性产生的且正在产生，以至于我们自身和我们的社会体系和文明受到了严重威胁。

因此，如果我们要重新设计和改造人造世界，向生态中心主义的意识形态调整是我们必须要应对的至关重要的责任和挑战。

转变人类的意识形态和道德准则

生态设计及其实践者有什么力量来影响人类现有的意识形态和伦理框架的变化？似乎合乎逻辑的说法是，这种变化只能由全世界人类社会的领导者（政治、宗教和文化）来实现。但这是忽视了思想的生态。采取的每一个逐步行动——解释环境困境，如何设计或人为干预以避免净环境损害，以及在可能的情况下对环境进行修复和恢复，都可以在任何人的头脑中播下一颗思想种子，无论是实际还是虚拟地接触到它。其实，生态设计的成功可以通过思想领导和设计创新原型来实现。

见多识广的生态设计师可以通过这种方式以身作则，而干预和解释的累积效应对社会生态素养（见本章下文）的提高可能会产生意想不到的结果。例如，它可能导致环境压力团体和运动的意外出现，这些团体和运动有时会在一夜之间通过互联网和社交媒体获得力量，从而对行业和政府施加巨大压力，迫使他们改变做法。

在极端情况下，它可能导致行政和政府变革，而有利于那些准备在制订法律和政策时采用真正生态中心方法的领导人。

生态素养

当人类社会对生态系统的复杂性，相互关系或责任一无所知时，就不能指望它采取行动来捍卫自然。对于那些参与设计过程的人（尤其那些日常工作对自然产生直接和即时影响的人，如设计师、建筑师、规划师、工程师、建筑商、环境政策制定者，以及商业和房地产的其他从业者）都必须具备生态素养，这是至关重要的，以便能够实现环境可持续的生态设计。

现代环境文学中有很多关于人类社会与自然之间的异化过程的论述。有些人会说，这主要归咎于现代主义设计思想，以及这种思想如何将人类置于超常的重要地位及其对自然的重大支配权。近年来，我们已经成为一个显著的城市物种，既不了解自然，也不理解我们对自然的依赖程度。在世界上许多城市地区，残留的自然或被高度人工化或被严重低估，而城市和乡村地区之间往往被冷酷分割。城市居民没有对复杂事物、自然过程和现象的日常经验，难以保持和培养对它们的认识和理解。除了某些显著的例外情况，环境教育工作者和关切的公民在努力抵制这些压倒性趋势，他们采取的方法是让学生离开城市，到那些从学生居住地可以经济地到达的乡村去,那里是最不受人为影响的地区，从而能够体验自然。获得生态素养需要"忘却"我们当前对待自然的方式，重新学习一种全新的生态中心方式。它需要一种全新的思维方式,用"生态中心"的新眼光看待全球环境和人类社会。更重要的是，它表明有必要改变人类现有的社会—经济—政治体系，这些体系在很大程度上控制着全球环境的命运。

生态素养的获得应进一步向人类社会表明，当前设计和制造方法的不足之处——常常缺乏、忽视甚至否认生态因素——以及需要制订和采用新的设计规范和方法。

人类获得生态素养的另一种用途，是使人类社会参与到恢复生态的观念和崇高事业中，以及了解在自然和半自然生态系统遭到严重破坏之后，再恢复它们会有多么困难。

实现这种素养是一项艰巨的任务，因为它涵盖生态学、人文科学、工程技术、水文学和其他相关学科的大量文献。

人本基础设施

所有人类和人类的众多社会—政治、制度、立法和意识形态体系，组成了我们认为的“人本基础设施”。在声称为可持续的项目中，很少对这一点进行足够的考虑。由于这种疏忽，设计师们失去了生态设计的持久影响和领会的关键要素。

我们应尽一切努力帮助使人类转变为一种新的理解和认识，一种不把自然视为可供消费和开发的无限自然资源来源的新意识形态。这种意识形态必须认识到大自然的生态系统、错综复杂的生命网络，以及在没有人类干预的情况下为所有生命提供的生态系统服务。这种意识形态不应将地球景观视为一块可以无情地清除栖息地、改变和夷平的土地，而不考虑生态后果。这种意识形态必须防止我们把自然界的陆地、水、空中环境当作人类废物和排放物的环境汇。

在严格而全面的生态设计方法中，人本基础设施需要与设计中的其他基础设施（自然基础设施、技术基础设施和水文基础设施）相结合并进行生物整合，形成一个综合的基础设施矩阵，从而实现交互、协同、冲突和涌现特性的适当协调运作。这一新型设计系统,作为“四元”人工生态系统，必须既是虚拟的也是客观存在的，而其引起的反响远不止在特定的干预空间或时间范畴内。

延伸阅读

Biodiversity by Design & Yeang, K. 2011. *Designing for Biodiversity Productivity and Profit.* British Council for Offices, London.

CABE Space. 2003. *Does Money Grow on Trees?* CABE, London.

Jackson, T. 2011. *Prosperity without Growth: Economics for a Finite Planet.* Routledge, London.

Papanek, V. 1995. *The Green Imperative: Ecology and Ethics in Design and Architecture.* Thames & Hudson, London.

Terrapin Bright Green. 2012. *The Economics of Biophilia: Why Designing with Nature in Mind Makes Economic Sense.* Terrapin Bright Green, New York.

Wines, J. 2000. *Green Architecture.* Taschen, Cologne, Germany.

9

与自然“合而为一”

我们对地球的影响

生态设计的最终目标是明确的——实现人类社区及其建造的人工制品**与自然**无缝、和谐地**融为一体**（at one with nature）的状态。要实现这一点，应该达成一项共识——人类社会有一个压倒一切的问题需要解决，即应对全球环境遭受大范围破坏的情况。第1章已对这一全球形势进行了简要概述。

所有人类社会都需要认识到，如果没有人类一致的、系统的、合作的和持续的努力，我们正迅速接近这样一个时刻：我们已把自己列入日益增加的濒临灭绝的物种名单上。如果人类不成为我们自己灭绝的代理人，那么至少我们可以预料到一场可怕而大规模的全球火灾，它将覆盖不断减少的资源和之前由自然提供的“服务”，而我们正在全球范围内大规模地、不计后果地破坏这些资源和服务。

我们人类社会中一些不那么宽容的部门可能会断言，我们人类灭亡将是件好事。文献中有许多撰稿人将智人描述为一种在地球上失去控制的有机体，正通过系统性弱点、短期贪婪和腐败的综合作用，将推动自然系统超越其恢复力的极限。这些都算不上是“聪明人”（严格来说，我们物种的拉丁名称是智人）的身份证明。如果我们要使这个星球不再适合支持我们（或我们中的大多数）的生存，那么这可能会给许多其他生命形式带来新的生命。也许头足动物（章鱼、鱿鱼和近亲）独立地进化出惊人的智力水平，有一天可能会上升到全球生态系统操纵者的水平，并且比我们做得更好。

然而，这里最重要的信念是人类的价值和最美好的品质。毕竟，人类是科学所知的最非凡的物种。人类有崇高和非凡的能力，也有讨厌的和破坏性的能力。我们迫切需要改变我们与地球其余部分之间的关系（包括平衡、宗旨和方向）。

希望仅是物质财富的积累和良好的经济地位，就能让我们成为更好的地球管理员，这将是令人欣慰的。那样的话，只要把重点放在让人们摆脱贫困上，我们将最终解答地球的可持续方程。当然，经济发展给地球上的许多人带来了巨大的利益，但却以自然环境为巨大代价。此外，无论是在发达国家还是在不发达国家，我们似乎都如此沉迷于物质改善和获取的目标，即使我们已经达到了舒适的生活方式，我们想要的也越来越多。人类似乎无法控制自己炫耀无意义的财富，人类似乎无法抑制其最基本的贪婪本能，而跨国公司和广告商利用这些本能的力量，进一步削弱了大多数人过上可持续生活方式的内在决心。

我们继续制造我们不需要也不是生活必需品的东西。我们继续在工业上大量生产这样的人工制品，而提取材料制造它们对环境造成了巨大的损害。然后通常在它们还能使用或只是轻微失修之时，我们丢弃这些东西。提取、制造和丢弃的过程，是把地球当作我们丢弃物的一个无底洞、环境汇和垃圾桶，好像有无限的同化和封存能力，而不受惩罚。尽管知道我们丢弃的很多东西对自然生态系统极其有害，我们还是会表现出如此的行为：无论是排放到大气中的污染气体，还是排放到地表水中的塑料等不可生物降解的人工制品。

除了最自欺欺人的人之外，所有人类都很清楚，我们作为一个物种的活动已经带来了大范围的全球环境后果，超过了许多自然恢复力的阈值。我们实际上已经成功地改变了全球生物地球化学循环。这里的关键证据是人为的气候变化。有些人仍然否认这一点，他们在数据和其他解释中寻找差距，但气候模型已经通过多个超级计算机系统针对其他（非人类）因素的影响进行了测试，我们的影响痕迹仍然清晰可见。预测各不相同，但很有可能的是，在许多全球生态系统发生系统性崩溃之前，我们只有几十年的时间，届时这些生态系统将达到一个只有在比人类文明历史，甚至人类生存历史更长的时期内才能恢复原状的地步。其中一个例子是由于气候和海洋化学的人为变化，全球珊瑚礁因白化而加速丧失。

最令人担忧的景象也许是试图重回原来对地球的态度，即将国内生产总值等同于福祉和人类进步，各国表现得好像它们彼此独立，而且似乎其行为的后果可以在某种程度上仍在国家边界之内。这种努力显然是作茧自缚，显示出其生态素养的缺失。

事实上，人类社会现在已不再处于预防模式，而是在从事一项“竞赛和救援”任务，以解答人类的“可持续方程”和“拯救地球”，前提是我们要确保自己和地球上其他生命的未来是可持续的。“一切照旧”显然不是一个与人类文明的长期生存相符合的选择，也可能与人类作为一个物种的存在不相容。我们需要一种新的方法和意识形态来对待自然，在设计、制造、操作和恢复我们人造世界的人工制品和系统的所有阶段中，需要将生态科学处于主导地位，这是基于生态中心和生态模拟设计的原则。

其他许多人已经详细阐述了这个星球的状况，比本书中的意图或任务要更深入。然而，很少有人将人类活动造成的地球退化的整体视角，与生态中心和生态模拟的整体设计和环境整合方法结合起来，也就是说，我们现在必须对我们已经造成并正在继续恶化的现状采取措施。

现在的人类社会主要是一种城市的外形，据预测，到 2100 年，全球 80% 以上的人口可能居住在城市中心。正是因为这个原因，我们几乎所有现有城市和城市群的低效和有害设计都需要重新改造，而我们的新城市和城市群的设计需要重新思考和创造。

这种创新不是从一开始就寻求问题的即时创新解决方案，而是从识别问题的原因开始，并将其置于能够进行创新的环境中。其原因被明确定义为人类无情滥用自然的结果。该问题被概括地框定为一个包罗万象的“可持续方程”，包括同时解决以下关键目标：

- 为人类社会和所有其他生命形式提供基本和必要的生活需要。

- 修复过去和现在的人为环境损害。
- 解决社会的人道主义问题。
- 改造人造世界及其城市建成环境，使其生态有效。

可持续方程的重要意义在于，当今许多可持续发展的方法都是不完整的。即使是实践环境保护主义者也倾向于实施一个方面，而忽视其他方面。“解”这个方程的行动不能是逐步的、单一的或零散的。行动必须是协调一致的、集体的和大规模的。它至少需要在基础设施尺度上，并在可能的情况下，在生物区域和全球范围内有效。这样做的原因应该很清楚（参见前述内容），因为我们目前是作为全球生态设计师的角色，也因为这个角色所带来的对自然管理的伦理责任。这些解答可持续方程的目标，转化为对人类社会实施这些强制性指令的需求。

求解可持续方程

在第 1 章中，“可持续性”一词被重新定义为同时努力实现以下关键目标的总体可持续方程。综上所述，我们必须通过采用生态中心和生态模拟的方法：

> 全面评估和说明我们对自然的潜在生态影响，包括积极和消极的，涵盖我们所有的人类活动和过程，以及我们在其生命周期中生产的所有材料，在我们采取行动之前，清楚地确定我们所有行动的轨迹和潜在后果。
>
> 逐步淘汰危害自然的现有活动，特别是与环境污染、气候变化和栖息地破坏有关的活动。
>
> 避免对自然造成更加有害和不可逆转的伤害。
>
> 采取直接和立即的行动，修复、恢复、稳定，并在可能的情况下，复兴现有受损的生态和生物圈系统，使其能够繁荣发展。即使假

定恢复性行动的影响是线性的，到采取恢复性行动时，人类破坏性行为的后果将影响到地球上大部分生命的生态维持基础。

解答第1章可持续方程中总结的环境和人类困境需要明确关注第1章中所述的多重任务，在我们的资源被利用和产生废物的城市领域，重新利用、重新构造、重新设计、重新制造和恢复我们的人造世界，使我们的建成环境与自然进行无缝地生物整合，并与自然协同作用。

当然，关于绿色设计、绿色城市主义、绿色城市、甚至城市作为“可持续生态系统”的研究已经很多，但大多数报告都没有达到表达出所需的整体和系统变化的程度和深度。

此外，许多设计师继续设计以其主要驱动力是他们自己个性的（通常只是审美和知识）设计重点，而不是生态友好的。如果所有的建筑师、城市规划师、工程师、景观设计师乃至生态学家，都采用这里提出的生态中心和生态模拟的方法和原则，那么我们将生活在一个完全不同的人造世界里，但显然目前情况并非如此。

本书认为，我们需要解决人类社会与自然关系的所有功能失调的方面，以及对各种“基础设施”进行有效的生态设计和生物整合。在至关重要的情况下，它们必须彻底地以有效的规模进行改造，以避免对自然的进一步破坏，并开始恢复自然，甚至进一步恢复其活力。其实，我们没有多少时间来做这件事了，也许比人类一代人的时间还少。

现在，我们可以总结如何实现这一目标。

生态中心方法

对于我们拯救地球的所有努力来说，至关重要的是以生态中心、生态为基础的方法，处理我们在地球上的行为、活动和我们的人工制品和系统。生态设计是一项全面而严谨的工作，与处理自然系统复杂性的所有问题一样，也是一项复杂的工作。生态系统内部和生态系统之间的互动途径错综复杂、千差万别。其结果是，对一个片段的更改和操纵会引起一系列的变化，这些变化会在整个生态系统中产生持续深刻的影响。正是这种联系和潜在影响的复杂性，要求我们以生态为中心，而不是纯粹以技术为中心，来解决我们当前人为造成的环境危机。

因此，生态设计要求我们考虑到相互依存的生态系统、多重联系和多层次的影响。要做到这一点，就需要考虑任何设计的人工制品或系统对所有生命形式、栖息地和过程的影响。

生态设计不仅要在给定的时间和地点，确保任何已建系统或人工制品的存在和位置不会对自然造成危害。任何设计系统或人工制品的所有组成部分都需要在其整个生命周期中进行深入的考虑，以及进行每一次转变或改变所需的能源总量和来源，以确保生态效益。

如第 7 章所述，这意味着对每个生命周期阶段进行基于生态学的“环境影响评估”。这些评估为在设计系统中选择材料以及它们的组装和使用方式提供了一个判断的基础。因此，设计涉及对所使用的材料进行优先排序和权衡，并有选择地识别和处理那些对设计方案、与给定方案有关的特定条件，以及其地点和对环境影响最小的至关重要的材料。

生态设计有效性的关键但不是唯一的衡量标准，是它不仅能够避免和消除对自然不可逆的负面影响，而且能够修复和加强自然和半自然生态系统的完整性。

因此，生态设计的最终目标是“与自然合而为一”。这听起来可能老生常谈或情绪化，但却是一个至关重要的目标。这意味着，与目前与自然近乎“战争”的状态相比，人类实现了与自然无缝、友好的物理和系统生物整合的共生状态。换言之，我们必须使我们的人造世界的建设和运行——尤其是建成环境——与自然和半自然生态系统的需求和运作以及地球的生物地球化学循环保持一致。

我们拯救和恢复自然的一个关键手段是通过设计。这是一种基于原型设计和测试的解决问题的方法。但是，如果我们要为地球上所有生命形式及其栖息地实现一个可持续的、持久的和有恢复力的未来，这就必须在所有方面并且绝对以生态学为指导。这意味着在技术系统中仿效和复制生态系统属性，使我们的建成环境尽可能多地共享一个功能齐全的自然生态系统的属性，并将两者结合在一起，形成一个生态有效的“生物整合”。

需要进行物质的生物整合——建成环境的空间布局、安排、配置和修改，以及人工生态系统和栖息地的所有合成的人工物品，以避免对自然的最终伤害，并在可能的情况下加强自然功能（通过为生物多样性创造新的机会）。本章后面将进一步总结我们将如何做到这一点。

这里还需要进行系统的生物整合——在动态但总体上稳定的平衡状态下，将建成环境的系统、操作、过程和流程（包括其输入和输出，或材料和能源）与自然和半自然生态系统以及地球生物地球化学循环相结合。我们还需要将城市结构和系统与人类社会（人本位的）体系进行系统的生物整合。

实现物质和系统的生物整合是生态有效的生物整合，这意味着要达到一种环境与自然无缝连接的状态。这就是本章题目“与自然合而为一”的含义。

为了达到这一点，我们需要通过对生态系统的研究并模仿它们的特性，尽可能地重新构造、重新设计、重新制造、恢复和重新连接我们的人造世界。

这就是生态设计的宏伟而大胆的目标。

生态模拟方法

以生态为中心的设计方法是在“生态模拟”的基础上进行设计，努力确保建成环境尽可能采用“生态系统”的标准属性，以便尽可能充分地提供生态系统的多种功能。“生态模拟”一词是从“仿生学”一词改编而来的，它侧重于技术基础设施，并以自然界的结构和系统为基础进行设计。生态模拟作为一个概念扩展和推进了仿生学应用于技术、自然和社会的整体生物整合（见第 4 章），包括物质和系统。在应用生态模拟的过程中，设计过程转变为仿效和复制从系统生态学中抽象出来的内容，包括标准和涌现的生态系统属性、普遍特征和特性。本文中的"生态系统涌现属性"不是指生态系统任何组成部分的性质或属性，而是指整个系统的特征。

综上所述，我们需要确保我们创造的系统和人工制品具有以下属性：

- 以可持续能源为燃料，尽可能直接利用太阳能。
- 回收所有的成分，生物和非生物的，包括空气和水，使其变得有效以致废物的概念几乎被淘汰。
- 适应生态演替和随时间变化的过程，以便我们制订比总体规划更多的管理计划。
- 表现出强大的稳态特性，使它们在面对环境破坏时能够自我矫正。
- 与自然系统和半自然系统之间显示出友好和协同的互联。
- 足够复杂，能够显示出强大的生态系统完整性，也就是说，能够表现出替代性，在某些组成部分遭受重大损害或损失时，其他组成部分能承担损失或损害的组成部分的作用。

除此之外，还有其他生态系统特性。但最重要的是，必须仿效和复制所有这些属性，以实现最大的多功能性和提供有意义的生态系统服务的效率。第5章阐述了生态系统服务的性质和类型。生态系统不经索取就向人类提供这些服务，而用人力和技术取代这些功能的所需的代价，在最近几十年才被明确而广泛地报道。因我们似乎如此善于破坏大自然支持我们的能力，我们就需要同样善于取代这种能力。但在这样做的时候，我们必须与大自然合作，将我们所有的创造性能量应用到新的协同设计中，以前所未有的方式最大限度地提供生态系统服务。

虽然在当前的设计世界中，每一个属性和功能都在某种程度上被仿效，但生态拟仿需要它们共同和整体的仿效，以创建完整和自足的人工生态系统。所有这些属性和属性的有力仿效和复制是生态设计的关键原则，它必须普遍指导我们所有的人类行为，以建立和改造我们的建成系统。我们需要在自然生态系统和全球循环的恢复力范围内全面完成这一目标，这是生态设计的关键限制因素和参数。

基础设施的整体生物整合，使建成环境成为“四元”人工生态系统

本书认为，生态拟仿的近期目标是确保我们的设计能够提供或加强自然生态系统服务的供应——“生命支持系统”不仅是为人类，还为所有生命形式。这里的建议是通过与自然合作实现这一目标，将其与我们的技术和社会政治结构、系统无缝整合到新的结合中，从而创造出新的、多功能的、生态有效的系统。

根据生态拟仿的原则，重新设计和重新构造建成环境和其他人类手工制品，实际上是将 4 个“基础设施”（自然和人工的）全面整合起来。其中有部分重叠，但为了便于实际应用，可以进行如下区分：

- 自然基础设施（基于除人类以外的物种的所有生物成分和过程）。
- 水文基础设施（水作为自然的一部分，因其对已知生命的根本重要性而被单独列出）。
- 技术基础设施（我们制造和运营的一切）构建了生态系统。
- 人本基础设施（我们的社会—政治和文化制度、系统），本质上主要是抽象的。

将自然基础设施、水文基础设施、技术基础设施和人本基础设施的所有属性结合到一个分析矩阵中，有助于“四元”生态增强型“人工生态系统”的包容性设计。这些系统不再独立于自然和半自然系统和过程，而是作为新的、协同的生态系统发挥作用，有助于在新的动态平衡框架内积极主动地支持和恢复更广泛的自然完整性。

这项事业的新兴产物，一部分是生物的，一部分是技术和控制论的，还具有社会和文化上的响应能力和主动性。在这方面，这一愿景与科幻小说中提到的“生态机器人”有很多相似之处。这是一个可以优化的系统，具有适应性，可以改变环境条件。

恢复自然的需求非常迫切。我们不能再仅仅为了最大限度地减少对环境的不利影响，而进行工作和设计。我们需要发展一个人造世界，使自然得到净改善，尤其为了在未来拥有更大的机会和恢复力，我们需要修复和弥补过去对自然造成的伤害。因此，每一个设计项目都要成为环境修复、恢复、提升和增强的项目。

因此，重新构造和创造我们的建成环境和所有我们制造的人工制品的任务，不再是“为明天设计今天”的预期或预防性任务。它的核心内容是恢复和复兴自然的紧迫事业。

在城市设计方面，我们的四元人工生态系统可以采取任何实体形式，从特定的局部干预或人工制品，到贯穿城市结构每一个元素的完整的生物或植物系统。它们可以，而且必须将建成环境中生物和非生物成分、自然和半自然生态系统过程和流动形式，这两部分系统整合起来。这是在相互作用中，没有任何有价值的自然要素被取代的情况下实现的。在物种网络、功能和过程方面保持生态系统的完整性，对确保稳定性和恢复力至关重要。

所有的设计工作都涉及原型设计，在生态、生态模拟设计中，“人工生态系统”的原型设计是绝对重要的。作为生物系统的一部分，这些系统将不可避免地进化，甚至发生变异。需要时间来确定正确的系统组成部分和正确的管理和干预系统，例如，在生态系统服务的最佳提供点停止连续的干预过程。

要实现这种整合，使新的生态城市化成为现实，就需要建立一个全球性的、广泛的、复杂的、动态的、网络化的监控和即时响应系统。这显然是一项重大任务，但这是必不可少的，其影响的规模足以解决当前的环境危机。它要求人类社会真正和充分地实现备受吹捧的“第四次工业革命”，在这场革命中，生物、非生物和控制论之间的界限完全模糊了。

无论是在我们对生态系统功能的理解上，还是在技术的开发和应用方面，总会有局限和不足之处。然而，我们不能允许这些问题阻碍生态拟仿的紧急实施,以创造和转变现有的建成环境和所有相关的生产系统和人工制品。人类应对环境恶化的事业是一个持续的发展进程，但必须立即加快行动。

人类意识形态

在第 8 章中，我们对人类社会—经济—政治和文化体系进行了一次探索，从设计角度来说，这些体系构成我们的人本基础设施。这里的关键信息是，我们和其他许多物种的未来取决于我们的意识形态框架是否能够成为一致的生态中心。所有人类文明，当然在可预见的未来，基本上都依赖于地球持续的生态完整性。作为封闭的系统，有人将其称为“地球飞船”。

就人类的意识形态和习惯而言，人类作为一个物种，需要克服对自我服务的物质性嗜好，这种物质性造成了环境的净危害，推动了增长指标，并忽略了最重要的考虑因素：人类的幸福和健康。我们需要对真正的繁荣和生活的丰富性给出明确的新定义，从而驳斥人类繁荣与环境之间的传统二分法。设计师可以在这方面发挥重要作用，通过展示什么是可能的，可以产生什么样的经济和其他无形的效益，以及这种方法可以支持哪些新的人类工作。但是，这是思想领袖和决策者从最高层开始承担的任务。我们需要领导人和政府充分促进和鼓励，而不是反对任何基层社会向生态乌托邦迈进。生态乌托邦是一种基于环境完整性、对所有生命形式的尊重、人类社会公平和人类幸福的人类文明新愿景。

这里提出的思想、原则和指示如何影响我们的人类社会?

这里阐述的思想、原则和指示的意义和影响是什么?

两个最重要的思想是生态中心（以生态学为指导,并以之为基础的行动）和生态拟仿（基于“生态系统”概念属性的仿效和复制行动）。这些思想一起从根本上改变我们对自然的看法（我们的意识形态、我们的角色和与自然的关系）、我们的生活和工作方式（与自然中的生态系统和生物地球化学循环相关，并与之共生），以及我们设计、制造、管理、运营和恢复现有和新建环境的方式，并作为一系列基础设施，生物整合到四元人工生态系统中。对于设计师来说，它永远改变着我们的建成环境和所有人工制品的设计方式。

如果我们要进一步发展这些思想、原则和指示，这些总体上可以被广泛地视为一个“宣言”，需要在文化、社会、经济和政治上进一步发展，使地球上的每个种族和国家都能执行这些宣言。为了人类能够修复和实现人造世界与地球自然系统之间和谐关系，这里提供了初步可行的前提和基础，方法是：

- **应用生态学**，作为指导人类在地球上一切努力的基本学科。
- **在自然的阈值内工作**，涉及恢复力和不可再生自然资源供应限制的阈值。
- **根据生态模拟原则，重新设计和重新制造人造世界**，在建成环境中仿效和复制生态系统的标准属性，最大限度地提供生态系统服务，同时支持自然和半自然生态系统的完整性。将生产系统和人工制品转变为混合的“人工生态系统”。
- **生物整合真正的生态设计的所有必要组成部分**，作为一种综合性、持久性和整体性的四元“人工生态系统”，结合自然、水文、技术和人本基础设施。
- **重新设想我们的人造世界，尤其是我们的建成环境，将其作为“生态乌托邦”**，将上述所有因素结合起来，以实现一个可持续的星球，使人类文明能够与其他生物多样性共存。我们需要将这一愿景应用于我们新的和现有的城市群，在整个过程中编织、融合和生物整合多功能的自然和水文基础设施。

“可持续性”概念中固有的是对后代的关注，可持续性要求“能满足当代人的需要，又不对后代人满足其需要的能力构成危害的发展”，并促进“人与人之间，以及人与自然之间的和谐”。[1] 现在提出的问题是会有多少后代，他们的需求是什么，他们希望实现什么样的和谐？显然，作为一个物种，我们的社会现在已经到了生物、社会和文化进化的阶段，由于我们有巨大的能力对地球上的自然进程产生重大和负面的影响，如果没有紧急行动，我们可以维护的子孙后代的数量可能很少。

我们人类社会有责任全面管理地球，寻求与自然的和谐。全人类需要直接采用一种实用的、整体的、综合的方法，在这里被定义为生态中心和生态拟仿，通过有效的生物整合将其结合起来。这两个方法，连同本书所述的其他指示和原则，必须在全球范围内，立即地、集体地、同步地得到全人类的应用，因为整个人类社会都受到了影响。

本章注释

[1] World Commission on Environment and Development. *Our Common Future*. Oxford University Press, 1987, pp. 43 and 65.

术语汇编

非生物因素（abiotic factors）：无机成分，或生态系统的物理特征。

人类世（anthropocene）：人类活动是地球系统的主要影响因素的地质时代。

人本位的（anthropocentric）：人类是宇宙中最重要的物种的信仰，以人类的利益为优先考虑，很少考虑其他物种的价值。

人本基础设施（anthropocentric infrastructure）：与人类生存和利益完全相关的基础设施。人类的系统、组织、规则、意识形态和思想的结合，可以看作部分是实体的、部分是虚拟的基础设施。

人为的（anthropogenic）：由人类引起或受人类影响的。

应用生态学（applied ecology）：生态学与社会和生物技术相结合的应用，以解决自然资源管理和保护的问题。

人工智能（artificial intelligence）：计算机系统的理论和发展，能够执行通常需要人类智力的任务，如视觉感知、语音识别、决策和语言间的翻译。

同化能力（assimilation capacity）：生态系统或生态系统组成部分（如水体）接收废物或有毒物质的能力，而不会破坏环境或损害用水者。

大气（atmosphere）：地球周围的一层气体，在保护地球免受有害紫外线辐射和极端温度的同时，保持水汽和元素。

大气循环（atmospheric cycles）：元素和化合物在大气内外物理过程中的循环。

生物多样性（biodiversity）：存在于物种内部、物种之间和生态系统之间的可变性，以及这种可变性在时间或空间上的变化率。

生物地球化学循环（biogeochemical cycles）：地球系统中元素和化合物在生物、地质和化学过程中的循环。这包括水、碳和氮循环等。

生物相互作用（biological interaction）：一对生活在一个群落中的有机体对彼此的影响。它们可以是同一物种，也可以是不同物种。

仿生学（biomimicry）：在结构和材料设计中对生物有机体和过程的仿效。

亲自然性（biophilia）：人类对自然和自然设计的亲和力，以及寻求与自然联系的先天倾向。

生物整治（bioremediation）：使用生物制剂，如细菌，清除由人为污染造成的有毒或有害的污染。

生物圈（biosphere）：全球生态系统，包括所有生物及其相互作用。

生物技术（biotechnology）：为工业和其他目的开发生物过程，特别是对微生物进行基因操纵以生产抗生素、激素等。

生物成分（biotic constituents）：生物有机体，或生态系统中相互作用的物种。

黑水（blackwater）：污水，或厕所废水，除非得到妥善处理，否则不能再利用。

蓝色基础设施（blue infrastructure）：一个通过与自然一起建设，为解决城市和气候挑战提供“成分”的网络。蓝色基础设施具体涉及与水相关的景观要素（水池、湖泊、池塘、水道等）。

固碳（carbon sequestration）：生态系统中非生物和生物组成部分吸收碳并充当“碳汇”的能力，使二氧化碳不进入大气中。

物种承载力（carrying capacity）：给定可用资源，一个生态系统能维持的最大数量。

循环经济（circular economy）：循环经济的目标是重新定义增长，着眼于全社会的积极利益。它需要逐步将经济活动与有限资源的消耗脱钩，并通过设计将废物（概念）排除在系统内。在向可再生能源转型的基础上，循环模式建立了经济、自然和社会资本。它基于三个原则：(1) 设计将结束废物和污染；(2) 保持产品和材料的使用；(3) 振兴自然系统（艾伦·麦克亚瑟基金会）。

顶极群落（climax community）：一个由两个或多个不同物种的种群组成的群体或联合体，达到稳定状态，并在相互作用和共存之间找到平衡。

闭合系统（closed system）：一种系统，其中所有输出都是系统中另一个部分的输入，没有任何东西被认为是“废物”。

综合供热供电发电厂（combined heat and power plant）：也称为热电联产，这是一套技术，可以使用各种燃料发电或在使用点产生能量，使发电过程中通常损失的热量能得以回收，以提供所需的加热和（或）冷却。

共生（commensalism）：两种有机体之间的一种关联，其中一种获益，而另一种既没有益处也没有损害。

群落（community）：占据同一地点和时间的两个或两个以上不同物种的群体。

消费者（consumers）：一类通过消耗其他生物体来获取能量的生物，而不是通过转换非生物成分来创造能量。

临界生态阈值（critical ecological threshold）：一个相对较小的变化或干扰即引起生态系统迅速变化的点。

人为富营养化（cultural eutrophication）：人类活动加速自然富营养化的过程。由于土地清理和城镇建设，土地径流加速，更多的营养物质如磷酸盐和硝酸盐流入湖泊和河流，然后到沿海河口和海湾。这些营养物质会导致藻类数量激增，或有害的藻类大量繁殖，从而耗尽水中的氧气并阻挡阳光，这对水生生态系统中的许多物种来说是致命的。

分解者（decomposers）：分解有机物质的有机体，尤指土壤细菌、真菌或无脊椎动物。

白天的（diurnal）：白天发生的任何事情，也可以指只在白天活动的物种。

生态中心（ecocentricity）：在设计过程中，首先应用生态学。

生态破碎化（ecological fragmentation）：当栖息地被自然或人造的实体屏障隔开，如电话线、高速公路或郊区住宅区。这对候鸟等迁徙物种极为不利。恢复工作包括通过保护迁徙物种穿越的连接地来创建“野生动物走廊”。

生态影响评价（ecological impact assessment）：在美国，许多建筑

和基础设施项目都需要进行环境影响评估，以评估开发项目可能造成的环境（和生态）影响，包括对社会经济、文化和人类健康的影响。

生态完整性（ecological integrity）：生态系统维持过程，以支持生物有机体和物种多样性的能力。

生态再构建（ecological reinventing）：创造新的和重组的人造系统的过程，且这些系统在自然界中起着有益的作用。

生态恢复力（ecological resilience）：生态系统从外部干扰中恢复的能力。

生态演替（ecological succession）：生物群落接管一个地区并随时间进化的过程。初级演替发生在本来贫瘠或无生命的地区，如熔岩流或退缩的冰川，而次级演替发生在环境干扰之后，如森林火灾或极端天气事件。

生态有效（ecologically effective）：城市中心与地球生态系统友好互动的能力。

生态学（ecology）：生态系统中生物和非生物成分如何相互作用的研究。

生态模拟（ecomimicry）：建成环境设计中的对生态系统的仿效。

生态系统（ecosystem）：一个群落的生物组成部分及其自然环境的非生物因素。

生态系统健康（ecosystem health）：这是一个经常引起争论的主观术语，但定义往往包括稳定性，以及随着时间的推移能够持续地保持自主性，以及恢复力。

生态系统生产力（ecosystem productivity）：生态系统中生物量的生产，或无机成分转化为生态系统中生物成分消耗和使用的能量。

生态系统服务（ecosystem services）：一个健康、功能完善的生态系统所提供的有益服务，包括水和空气净化、废物管理、害虫防治、气候调节和营养循环。

内涵能源（embodied energy）：生产任何商品或服务所需的所有能量之和，视为该能量被纳入或“内涵”于产品本身中——设计对象或系统在原材料提取、运输、制造、装配、安装、拆卸、解构或分解的整个生命周期所需的能量总和。

环境生物学（environmental biology）：对特定区域环境以及居住在这些地方的生物和野生动物的研究。环境生物学家帮助保护和生存在任何给定的生态系统中的野生动物，并评估人类活动对环境的影响。

环境汇（environmental sink）：在这个生物地球化学循环系统中，每一个输出都是另一个的输入，“源头”释放一个化学元素或化合物，而“汇”接收这个元素或化合物。生物地球化学过程发生在不同的时间尺度上，因此“汇”通常是指一种元素或化合物在相对较长的时间内被保存的部分，例如溶解在海洋中的碳。

进化论（evolution）：在连续世代中对有利的遗传性状进行自然选择。

嗜极生物（extremophile）：一种微生物，尤指太古菌，生活在极端温度、酸度、碱性或化学浓度的条件下。

地圈（geosphere）：地球的固体部分，从地壳到中心，包括地核和地幔内层。

全球气候变化（global climate change）：“可以通过平均值和（或）其特性的变化来识别（例如使用统计测试）的气候状态变化，并且持续时间较长，通常是几十年或更长时间”（政府间气候变化专门委员会，2007 年）。“大多数气候科学家一致认为，当前全球变暖趋势的主要原因是人类扩张的‘温室效应’——当大气将从地球向太空辐射的热量收集起来时，就会导致气候变暖”（美国国家航空航天局，2017 年）。

绿色基础设施（green infrastructure）：通过与自然一起建设，为解决城市和气候挑战提供“成分”的网络。绿色基础设施具体涉及与植被（公园、树木、花园等）相关的景观要素。

灰水（greywater ）：浴缸、水槽、洗衣机和其他厨房用具产生的相对清洁的废水，可用于灌溉或其他的二次使用。

栖息地破碎化（habitat fragmentation）：栖息地丧失导致大的、连续的栖息地被分割成更小、更孤立的残余的过程。栖息地破碎化描述的是生物体在其偏爱的环境中出现的不连续性，导致种群破碎化和生态系统衰退。

六价铬（hexavalent chromium）：六价铬是任何含有元素铬的化合物，处于 +6 氧化状态，Cr（VI）。几乎所有的铬矿都是通过六价铬进行加工的，特别是重铬酸钠。1985 年生产了大约 136 000t 六价铬。铬（Ⅵ）化合物可用作染料、涂料、油墨和塑料的颜料。也可用作涂料、底漆和其他表面涂层的防腐剂。铬（VI）复合铬酸用于在金属零件上电镀铬，以提供装饰性或保护性涂层。如果六价铬以高浓度接触器官，可能会对眼睛和皮肤产生刺激或损害。吸入高浓度的六价铬会刺激鼻子和喉咙。反复或长时间接触会导致鼻子出现溃疡并导致流鼻血。

整体城市设计（holistic urban design）：考虑所有相关系统以及它们将如何相互作用，以及与自然行星循环的作用，而不是专注于一个方面或针对性的设计特征。

稳态（homeostasis）：生态系统在外部干扰或干扰后自我调节和寻求平衡的能力。

水文学（hydrology）："研究地球上的水，及其存在、循环和分布，化学和物理性质，以及它们与环境的响应，包括与生物的关系的科学"（国家研究委员会，1991 年）。

水圈（hydrosphere）：地球表面的所有水，包括大气中的水。

物联网（internet of things）：嵌入日常物品中的计算设备通过因特网互联，使它们能够发送和接收数据。

入侵物种（invasive species）：引入新生态系统（通过人类或非人类媒介）的物种，能够在很大程度上超过本土物种，并在一定程度上危害生态系统、经济和人类健康。

基石物种（keystone species）：一种对生态系统有很大影响的物种，与其种群规模不成比例。这样的物种在维持体内平衡方面扮演着重要的角色，并且经常提供主要的生态系统服务。没有这个物种，生态系统将呈现完全不同的特征，更容易受到干扰和入侵。

生命周期评估（life-cycle assessment）：考虑到一种材料或产品的整

个生命周期，从开采或收集使用的材料，到用于合成材料，再到最终的使用，包括所有排放物和废水。

线性经济（linear economy）：原材料用于制造产品，使用后任何废物（如包装）都会被丢弃。而在一个以循环利用为基础的经济中，材料将被重新利用。

互利共生（mutualism）：两个不同物种的有机体之间的相互作用，其中每一个有机体都以某种方式从相互作用中受益。

新群落（new communities）：当一个生物系统经过生态演替的过程后，新的生物群落就会出现。

纳米技术（nanotechnology）：技术的一个分支，处理小于100nm的尺寸和公差，特别是单个原子和分子的操纵。

寄生（parasitism）：两个有机体之间的关系，其中一个有益，另一个受到损害。寄生虫是从这种关系中获益的有机体，而宿主则受到这种关系的伤害。寄生虫可以包括植物、动物，甚至病毒和细菌。

供应峰值（peak supply）：在需求高峰时期用于增加现有能源的一种能源供应。例如，水力发电机中午的输出不被视为供应峰值。

流量水位线峰值（peaked hydrograph）：流量水位线是显示流量（排放量）与经过特定初始点的时间的曲线。峰值流量是过程线上的最高点，在这里流量最大。

人口当量（population equivalent）：（或单位人均负荷）在污水处理中，是指工业设施和服务在24h内产生的污染负荷总和，与一个人在同一时间内产生的生活污水中个人污染负荷的比值。

初级生产者（primary producers）：利用光合作用或化学合成产生复杂有机物的自养有机体。这样的有机体从生态系统的非生物成分中产生自己的能量，而不是通过消耗其他生物。

量子计算（quantum computing）：研究领域侧重于发展基于量子理论原理的计算机技术，量子理论在量子（原子和亚原子）层级上解释能量和物质的性质和行为。

参考点／移动基线（reference point/shifting baselines）：参考点是衡量生态系统健康的基准，然而，随着几代人失去知识和观点，社会记忆被取代，这一基线正在随着时间推移而移动。

再生行动（regenerative action）：作为地球的管理者，我们可以采取行动来恢复地球的健康。

可再生能源（renewable energy）：从可再生资源收集或产生的能量，在人类的时间尺度内自然补充，如阳光、风、雨、潮汐、海浪和地热。

恢复力（resilience）：生态系统在受到生态干扰破坏后，维持其正常的营养循环和生物量生产模式的能力。

半自然生态系统（semi–natural ecosystem）：人类活动改变了的生态系统，但保留了重要的原生元素。

平流层臭氧层（stratospheric ozone layer）：地球平流层的一个区域，吸收太阳的大部分紫外线辐射。与大气其他部分相比，它含有高浓度的臭氧，尽管与平流层中的其他气体相比仍然存量很小。

可持续性（sustainability）："维持生态系统或人类社会的长期能力"（生态全球网络，2011 年）。

可持续发展（sustainable development）："能满足当代人的需要，又不对后代人满足其需要的能力构成危害的发展"（布伦特兰报告，1987 年）。

共生（symbiosis）：两个或两个以上物种之间的互利关系，其中所有物种都能从彼此的相互作用中获益。

伴人（synanthropic）：物种生活在与人类联系以及人类在其周围创造的某种人工栖息地附近，并从中受益的各种动植物物种。

构造运动（tectonic shifts）：构成地壳的构造板块的运动，由地球核心的地质活动引起。

陆地的（terrestrial）：与陆地生态系统有关的，与水生淡水或咸水生态系统相对应。

营养级（trophic levels）：生态食物链中的一个层次或等级。营养金字塔代表着能量通过生态系统的生物组成部分流动的方向，每一个层次代表着存在于能量流这个位置的所有物种。例如，初级生产者处于营养金字塔的底部，因为他们从无机成分中产生自己的能量，不管是来自阳光还是环境中的化学物质。

城市回避者（urban avoiders）： 对城市化进程中栖息地变化非常敏感的生物。它们是第一个在城市环境中消失的物种。随着人口的不断增长，城市的扩张继续消耗着当地的景观。

城市居住者（urban dwellers）： 能够在城市环境中生存或繁衍的物种。一些城市野生动物，如家鼠，在生态上与人类共生。一些物种或种群可能会完全依赖人类。不同类型的城市区域支持不同种类的野生动物。

水循环（water cycle）： 水在地球的海洋、大气和陆地之间流通的循环过程，包括降雨和降雪、溪流和河流的排水，以及通过蒸发和蒸腾作用返回大气的过程。

流域（watershed）： 集水区或特定水体的集水面积；向水体供水的陆地面积。

野生动物走廊（wildlife corridor）： 带状自然栖息地，连接着被耕地、道路等隔开的野生动物种群。

参考文献

Andersson, E., et al. "Reconnecting Cities to the Biosphere: Stewardship of Green Infrastructure and Urban Ecosystem Services." *Ambio*, vol. 43, no. 4, 17 Apr. 2014, pp. 445–453. doi:10.1007/s13280-014-0506-y.

Baldé, C. P., V. Forti, V. Gray, R. Kuehr, and P. Stegmann. *The Global E-Waste Monitor 2017*. United Nations University, International Telecommunication Union and International Solid Waste Association, 2017.

Bao, K., and J. Drew. "Traditional Ecological Knowledge, Shifting Baselines, and Conservation of Fijian Molluscs." *Pacific Conservation Biology*, vol. 23, no. 1, 2017, p. 81. doi:10.1071/pc16016.

Benyus, J. M. *Biomimicry: Innovation Inspired by Nature*. Harper Perennial, 2009.

Berner, R. A. *The Phanerozoic Carbon Cycle: CO_2 and O_2*. Oxford University Press, 2004.

Bertalanffy, L. V. *General System Theory: Foundations, Development, Applications*. Braziller, 1980.

Bunker, A. F. "Computations of Surface Energy Flux and Annual Air–Sea Interaction Cycles of the North Atlantic Ocean." *Monthly Weather Review*, vol. 104, no. 9, 1976, pp. 1122–1140. doi:10.1175/1520-0493(1976)1042.0.co;2.

Cain, M. L., et al. *Ecology*. Sinauer Associates, Inc. Publishers, 2014.

Chang, K. "Hydrogen Cars Join Electric Models in Showrooms." *New York Times*, 18 Nov. 2014.

Chappell, J. "Coral Morphology, Diversity and Reef Growth." *Nature*, vol. 286, no. 5770, 1980, pp. 249–252. doi:10.1038/286249a0.

City of New York, Office of the Mayor. *NYC Green Infrastructure Plan: A Sustainable Strategy for Clean Waterways*. New York City Department of Environmental Protection, 2010.

Collias, N. E. and E. C. Collias. *Nest Building and Bird Behavior*, vol. 857. Princeton University Press, 2016.

Collinge, S. K. "Ecological Consequences of Habitat Fragmentation: Implications for Landscape Architecture and Planning." *Landscape and Urban Planning*, vol. 36, no. 1, 11 July 1996, pp. 59–77. doi:10.1016/s0169-2046(96)00341-6.

Costanza, R., et al. *Ecosystem Health: New Goals for Environmental Management*. Island Press, 1992.

Dang, T. D., et al. "Hydrological Alterations from Water Infrastructure Development in the Mekong Floodplains." *Hydrological Processes*, vol. 30, no. 21, 29 Apr 2016, pp. 3824–3838. doi:10.1002/hyp.10894.

Darwin, C. *On the Origin of Species*. John Murray, 1859.

Despommier, D. *The Vertical Farm: Feeding Ourselves and the World in the 21st Century*. Thomas Dunne Books, 2010.

Didham, R. K. "Ecological Consequences of Habitat Fragmentation." In *Encyclopedia of Life Sciences*. John Wiley & Sons, 2010, doi:10.1002/9780470015902.a0021904.

Duarte, C. M., et al. "Return to *Neverland*: Shifting Baselines Affect Eutrophication Restoration Targets." *Estuaries and Coasts*, vol. 32, no. 1, 2009, pp. 29–36. doi:10.1007/s12237-008-9111-2.

Edwards, P. E. T., et al. "Investing in Nature: Restoring Coastal Habitat Blue Infrastructure and Green Job Creation." *Marine Policy*, vol. 38, 12 June 2012, pp. 65–71. doi:10.1016/j.marpol.2012.05.020.

Elimelech, M. "Overview on Nanotechnology: The Future of Seawater Desalination." *International Journal of Science and Research*, vol. 5, no. 2, 2016, pp. 399–401. doi:10.21275/v5i2.nov161131.

Environmental Literacy Council. "Biogeochemical Cycles." 2018, https://enviroliteracy.org/airclimate-weather/biogeochemical-cycles/.

Environmental Literacy Council. "Carbon Cycle." 2018, https://enviroliteracy.org/air-climate-weather/biogeochemical-cycles/carbon-cycle/.

Environmental Literacy Council. "Sources & Sinks." 2018, https://enviroliteracy.org/air-climate-weather/climate/sources-sinks/.

Eregno, F. E., et al. "Quantitative Microbial Risk Assessment Combined with Hydrodynamic Modelling to Estimate the Public Health Risk Associated with Bathing after Rainfall Events." *Science of the Total Environment*, vol. 548–549, 2016, pp. 270–279. doi:10.1016/j.scitotenv.2016.01.034.

Ernest, S. K. M., and J. H. Brown. "Homeostasis and Compensation: The Role of Species and Resources in Ecosystem Stability." *Ecology*, vol. 82, no. 8, 2001, pp. 2118–2132. doi:10.2307/2680220.

Fierer, N. "Embracing the Unknown: Disentangling the Complexities of the Soil Microbiome." *Nature Reviews Microbiology*, vol. 15, no. 10, 21 Aug. 2017, pp. 579–590. doi:10.1038/nrmicro.2017.87.

Finlay, J. C., et al. "Human Influences on Nitrogen Removal in Lakes." *Science*, vol. 342, no. 6155, 11 Oct. 2013, pp. 247–250. doi:10.1126/science.1242575.

Flynn, K. J., et al. "Ocean Acidification with (De)Eutrophication Will Alter Future Phytoplankton Growth and Succession." *Proceedings of the Royal Society B: Biological Sciences*, vol. 282, no. 1804, 2015, p. 20142604. doi:10.1098/rspb.2014.2604.

Ford, T. E., and R. J. Naiman. "Alteration of Carbon Cycling by Beaver: Methane Evasion Rates from Boreal Forest Streams and Rivers." *Canadian Journal of Zoology*, vol. 66, no. 2, 1988, pp. 529–533. doi:10.1139/z88-076.

Foster, J., et al. *The Value of Green Infrastructure for Urban Climate Adaptation*. Center on Clean Air Policy, 2011.

Funch, R. R. "Termite Mounds as Dominant Land Forms in Semiarid Northeastern Brazil." *Journal of Arid Environments*, vol. 122, 2015, pp. 27–29. doi:10.1016/j.jaridenv.2015.05.010.

Gough, C. M. "Terrestrial Primary Production: Fuel for Life." *Nature Education Knowledge*, vol. 3, no. 10, ser. 28, 2011, p. 28, www.nature.com/scitable/knowledge/library/terrestrial-primary-production-fuel-for-life-17567411.

Gunderson, L. H. "Ecological Resilience – in Theory and Application." *Annual Review of Ecology and Systematics*, vol. 31, no. 1, 2000, pp. 425–439. doi:10.1146/annurev.ecolsys.31.1.425.

Hansen, R., and S. Pauleit. "From Multifunctionality to Multiple Ecosystem Services? A Conceptual Framework for Multifunctionality in Green Infrastructure Planning for Urban Areas." *Ambio*, vol. 43, no. 4, 17 Apr 2014, pp. 516–529. doi:10.1007/s13280-014-0510-2.

Harris, J. "Soil Microbial Communities and Restoration Ecology: Facilitators or Followers?" *Science*, vol. 325, no. 5940, 2009, pp. 573–574. doi:10.1126/science.1172975.

Heymans, J. J., et al. "Global Patterns in Ecological Indicators of Marine Food Webs: A Modelling Approach." *PLOS ONE*, vol. 9, no. 4, 2014, doi:10.1371/journal.pone.0095845.

Intergovernmental Panel on Climate Change. *Special Report on Global Warming of 1.5 °C (SR15)*. Intergovernmental Panel on Climate Change, 2018.

Johnson, L. E. "GIS and Remote Sensing Applications in Modern Water Resources Engineering." In L. Wang and C. Yang (eds.), *Modern Water Resources Engineering: Handbook of Environmental Engineering*, vol. 15. Humana Press, 2014, pp. 373–410.

Jones, C. G., et al. "Organisms as Ecosystem Engineers." *Oikos*, vol. 69, no. 3, 1994, pp. 373–386. JSTOR: www.jstor.org/stable/3545850.

Kaminski, L. A., et al. "Interaction between Mutualisms: Ant-Tended Butterflies Exploit Enemy-Free Space Provided by Ant-Treehopper Associations." *The American Naturalist*, vol. 176, no. 3, 20 July 2010, pp. 322–334. doi:10.1086/655427.

Karamouz, M. *Hydrology and Hydroclimatology: Principles and Applications*. CRC Press, 2013.

Karl, T. R. "Global Climate Change Impacts in the United States." In T. R. Karl, J. M. Melillo, and T. C. Peterson (eds.), *Global Climate Change Impacts in the United States: A State of Knowledge Report from the U.S. Global Change Research Program*. Cambridge University Press, 2009, pp. 13–52.

Kazmierczak, A., and J. Carter. *Adaptation to Climate Change Using Green and Blue Infrastructure: A Database of Case Studies*. University of Manchester, June 2010.

Lal, R. "Carbon Sequestration." *Philosophical Transactions of the Royal Society B: Biological Sciences*, vol. 363, no. 1492, 30 Aug. 2007, pp. 815–830. doi:10.1098/rstb.2007.2185.

Liss, K. N., et al. "Variability in Ecosystem Service Measurement: A Pollination Service Case Study." *Frontiers in Ecology and the Environment*, vol. 11, no. 8, 26 June 2013, pp. 414–422. doi:10.1890/120189.

Lovins, A. B. "More Profit with Less Carbon." *Scientific American*, vol. 293, no. 3, 2005, pp. 74–83. doi:10.1038/scientificamerican0905-74.

Lu, Y., et al. "Ecosystem Health towards Sustainability." *Ecosystem Health and Sustainability*, vol. 1, no. 1, 2015, pp. 1–15. doi:10.1890/ehs14-0013.1.

Margulis, S. *Introduction to Hydrology*, 4th ed., 2017, https://margulis-group.github.io/teaching/.

Mathez, E. A. and J. E. Smerdon. *Climate Change: The Science of Global Warming and Our Energy Future*. Columbia University Press, 2018.

Molla, A. S. "Natural, Semi-natural, and Artificial Ecosystems." *The Daily Star*, 29 Nov. 2008.

More, T. *Utopia* [1516]. Translated by P. K. Marshall. Washington Square, 1965.

National Geographic. "Biosphere." *National Geographic Resource Library*, 9 Oct. 2012, www.nationalgeographic.org/encyclopedia/biosphere/.

Ocean Health Index. "Ecological Integrity." 2019, www.oceanhealthindex.org/methodology/components/ecological-integrity.

O'Connor, F. M., et al. "Possible Role of Wetlands, Permafrost, and Methane Hydrates in the Methane Cycle under Future Climate Change: A Review." *Reviews of Geophysics*, vol. 48, no. 4, 2010, doi:10.1029/2010rg000326.

Olson, R. "Slow Motion Disaster below the Waves." *LA Times*, Sunday Opinion Section, Environment, 17 Nov. 2002, www.shiftingbaselines.org/op_ed/.

Papworth, S. K., et al. "Evidence for Shifting Baseline Syndrome in Conservation." *Conservation Letters*, 2009, doi:10.1111/j.1755-263x.2009.00049.x.

Pawlyn, M. *Biomimicry in Architecture*. RIBA Publishing, 2011.

Peterson, G. D., C. R. Allen, and C. S. Holling, "Ecological Resilience, Biodiversity, and Scale." *Nebraska Cooperative Fish and Wildlife Research Unit – Staff Publications*, 4, 1998. https://digitalcommons.unl.edu/ncfwrustaff/4.

Pimm, S. L., and J. H. Lawton. "Number of Trophic Levels in Ecological Communities." *Nature*, vol. 268, no. 5618, 17 May 1977, pp. 329–331. doi:10.1038/268329a0.

Pugh, T. A. M., et al. "Role of Forest Regrowth in Global Carbon Sink Dynamics." *Proceedings of the National Academy of Sciences*, 19 Feb. 2019, doi:10.1073/pnas.1810512116.

Rapport, D. "Assessing Ecosystem Health." *Trends in Ecology & Evolution*, vol. 13, no. 10, 10 Oct 1998, pp. 397–402. doi:10.1016/s0169-5347(98)01449-9.

Reisner, M. *Cadillac Desert: The American West and Its Disappearing Water*. Penguin, 1993.

Rittmann, B. E., and P. L. McCarty. *Environmental Biotechnology: Principles and Applications*. McGraw-Hill, 2001.

Schiermeier, Q., et al. "Energy Alternatives: Electricity without Carbon." *Nature*, vol. 454, no. 7206, 2008, pp. 816–823. doi:10.1038/454816a.

Selge, S., et al. "Public and Professional Views on Invasive Non-Native Species – a Qualitative Social Scientific Investigation." *Biological Conservation*, vol. 144, no. 12, 2011, pp. 3089–3097. doi:10.1016/j.biocon.2011.09.014.

Simberloff, D. "Confronting Introduced Species: A Form of Xenophobia?" *Biological Invasions*, vol. 5, no. 3, 2003, pp. 179–192. doi:10.1023/a:1026164419010.

Singh, V. P., A. K. Mishra, H. Chowdhary, and C. P. Khedun. "Climate Change and Its Impact on Water Resources." In L. K. Wang and C. T. Yang (eds.), *Modern Water Resources Engineering*. Humana Press, 2014, pp. 525–569.

Smith, V. H. "Cultural Eutrophication of Inland, Estuarine, and Coastal Waters." *Successes, Limitations, and Frontiers in Ecosystem Science*, 1998, pp. 7–49. doi:10.1007/978-1-4612-1724-4_2.

Sorokin, Y. I. *Coral Reef Ecology*, vol. 102. Springer, 1995.

Stockholm Resilience Centre. "The Nine Planetary Boundaries." 2019, www.stockholmresilience.org/research/planetary-boundaries/planetary-boundaries/about-the-research/the-nine-planetary-boundaries.html.

Tzoulas, K., et al. "Promoting Ecosystem and Human Health in Urban Areas Using Green Infrastructure: A Literature Review." *Landscape and Urban Planning*, vol. 81, no. 3, 2007, pp. 167–178. doi:10.1016/j.landurbplan.2007.02.001.

Von Wong, B. "4100lbs of E-Waste Resurrected. Trillions to Go." *Von Wong Blog*, 19 Apr. 2018, https://blog.vonwong.com/dell/.

WildMadagascar.org. "Why Rainforest Soils Are Generally Poor for Agriculture." 2019, www.wildmadagascar.org/overview/rainforests2.html.

Willis, K. J. and J. C. McElwain. *The Evolution of Plants*, 2nd ed.. Oxford University Press, 2014.

Wirsen, C. O., et al. "Chemosynthetic Microbial Activity at Mid-Atlantic Ridge Hydrothermal Vent Sites." *Journal of Geophysical Research*, vol. 98, no. B6, 10 June 1993, p. 9693. doi:10.1029/92jb01556.

Wootton, J. T., et al. "Effects of Disturbance on River Food Webs." *Science*, vol. 273, no. 5281, 13 Sept. 1996, pp. 1558–1561. doi:10.1126/science.273.5281.1558.

World Bank. "Part III: Cities' Contribution to Climate Change." *Cities and Climate Change: An Urgent Agenda*. World Bank, 2007, pp. 14–32, https://siteresources.worldbank.org/INTUWM/Resources/340232-1205330656272/4768406-1291309208465/PartIII.pdf.

Yeang, K. "Bases for Ecosystem Design." *Architectural Design*, vol. 42, 1972, pp. 434–436.

Yeang, K. "Bionics – the Use of Biological Analogies in Design." *Architectural Association Quarterly*, vol. 4, 1974, pp. 48–57.

Yeang, K. *Designing with Nature: The Ecological Basis for Architectural Design.* McGraw-Hill, 1995. Republished in Spanish by Gustavo Gili, 1999.

Yeang, K. *Ecodesign: Instruction Manual.* John Wiley & Sons, 2006.

Yurto⊠lu, N. "Plant Water Relationships and Evapotranspiration." *History Studies International Journal of History*, vol. 10, no. 7, 2018, pp. 241–264. doi:10.9737/hist.2018.658.

Zalasiewicz, J., et al. "The Geological Cycle of Plastics and Their Use as a Stratigraphic Indicator of the Anthropocene." *Anthropocene*, vol. 13, 2016, pp. 4–17. doi:10.1016/j.ancene.2016.01.002.

索 引

F

G

H

J

K

L

M

N

P

Q

R

S

T

W

X

Y

Z